PID制御の基礎と応用

[第2版]

山本重彦
加藤尚武
著

朝倉書店

まえがき

　自動制御については既に多くの教科書が出版されている．しかし，実用的見地に立って技術者のために書かれた本は意外に少ない．多くの，標準的教科書ではラプラス変換からはじまって，ボード線図やベクトル軌跡の書き方，さまざまな安定判別法，根軌跡法などについて解説している．しかし，数式ばかりが目立ち多くの読者は面食らってしまう．

　実際のプラントにおいて90％以上を占めるPID制御についてもほとんど書かれていない．これは大変不思議なことである．本書は，PID制御を使いこなす際に必要な制御理論をなるべく現実の問題と結び付けて分かりやすく解説したものである．

　これから制御の勉強を始めたいと考えている人はむろん，制御の現場で仕事をしているが，もう少し理論の裏付けがほしいと考えている技術者の人達にも役立つと思う．大学で理論の勉強をした人達にとっても「あのとき習ったのはこういうことだったのか」と理解を深めて頂ける点もある筈である．

　そのようなつもりで説明の仕方をいろいろ工夫してみた．数式は自動制御を扱う上で便利な道具である．したがって，これを避けて通るのでなく，1つ1つの式の意味をじっくり考えてみたい．自動制御はあくまで実践の理論である．1つの式や定理には何か物理的意味がある筈である．それを読者と一緒に考えていきたい．

　幸い本書の初版は発行以来，大学および産業界の多くの方々に読んで頂き，好意ある評価をたくさん頂いた．これに満足することなく今回全体を見直し，各所において加筆・改善を行った．その1つとして，第11章を新たに追加し，プロセス産業で多く使われる制御系の例を取り上げ，その考え方を示した．実務にたずさわる方々の参考になれば幸いである．

　　2005年10月

　　　　　　　　　　　　　　　　　　　　　　　　　　　　著　　者

目　　次

1　自動制御とは ──────────────────── *1*

   1.1　自動制御の問題　*1*
   1.2　望ましい応答　*3*
   1.3　コントローラの種類　*4*
   1.4　プロセスの周波数特性　*5*
   1.5　フィードバック制御系の持続振動　*6*
   演習問題　*8*

2　ラプラス変換と伝達関数 ───────────── *9*

   2.1　ラプラス変換のメリット　*9*
   2.2　ラプラス変換の定義　*10*
   2.3　ラプラス変換の定理　*12*
   2.4　ラプラス逆変換　*14*
   2.5　伝 達 関 数　*16*
      2.5.1　微分方程式によるプロセス動特性の表現　*16*
      2.5.2　伝達関数によるプロセス動特性の表現　*17*
      2.5.3　伝達関数の応用　*18*
      2.5.4　一時遅れ系　*19*
      2.5.5　む だ 時 間　*21*
   2.6　ブロック線図　*22*
      2.6.1　ブロック線図とは　*22*
      2.6.2　ブロック線図の等価交換　*22*
   演習問題　*24*

3 伝達関数の周波数特性 ― 25

- 3.1 周波数特性とは　*25*
- 3.2 伝達関数のベクトル表現　*26*
- 3.3 代表的要素　*29*
  - 3.3.1 微分要素　*29*
  - 3.3.2 積分要素　*30*
  - 3.3.3 1次遅れ要素　*31*
  - 3.3.4 進み/遅れ要素　*32*
  - 3.3.5 むだ時間　*33*
- 3.4 周波数応答の図式表現　*33*
  - 3.4.1 ベクトル軌跡　*33*
  - 3.4.2 ボード線図　*35*
- 演習問題　*37*

4 安定性を調べる ― 38

- 4.1 特性根の位置と閉ループの応答　*38*
- 4.2 2次系の特性根　*42*
- 4.3 ナイキストの安定判別法　*46*
- 4.4 ナイキストの判別法の意味　*47*
- 4.5 ゲイン余裕と位相余裕　*51*
- 付録　*55*
- 演習問題　*56*

5 PID制御の基本形 ― 57

- 5.1 オン・オフ制御とPID制御　*57*
- 5.2 PID制御の基本形　*60*
- 5.3 PID制御の各動作　*61*
- 5.4 PID動作による制御　*62*
  - 5.4.1 比例動作のみによる制御　*63*
  - 5.4.2 PI動作による制御　*64*

5.4.3　PID 動作による制御　66
　　5.4.4　ベクトル軌跡とボード線図で見る D 動作のはたらき　68
　　5.4.5　PID 3 動作による制御のまとめ　70
　演習問題　72

6　PID 制御のバリエーション　73

6.1　不完全微分　73
6.2　ディジタル PID 調節計　74
6.3　サンプリングの影響　77
6.4　PID 制御のバリエーション　79
　　6.4.1　微分先行形 PID 調節計（IP-D 調節計）　79
　　6.4.2　I-PD 制御（比例先行形）　81
6.5　2 自由度 PID 調節計　83
　　6.5.1　2 自由度 PID 調節計とは　83
　　6.5.2　α, β の決め方　85
　演習問題　86

7　PID 制御のチューニング　87

7.1　制御特性の評価　87
7.2　ジーグラ・ニコルス法　89
　　7.2.1　限界感度法　89
　　7.2.2　ステップ応答法　91
7.3　CHR 法　93
7.4　試行錯誤法　94
　　7.4.1　比例ゲインの効果　95
　　7.4.2　積分時間 T_I の効果　96
　　7.4.3　微分時間 T_D の効果　96
　　7.4.4　まとめ　96
　演習問題　97

8 複合ループ制御 — 98

- 8.1 カスケード制御　*98*
- 8.2 比率制御　*101*
- 8.3 非干渉制御　*102*
  - 8.3.1 制御ループの干渉　*102*
  - 8.3.2 干渉ゲイン　*104*
  - 8.3.3 非干渉制御　*107*
- 演習問題　*112*

9 フィードフォワード制御 — 113

- 9.1 フィードフォワード制御とは　*113*
- 9.2 フィードフォワード要素の設計　*115*
  - 9.2.1 静特性の検討　*115*
  - 9.2.2 動特性の追加　*117*
  - 9.2.3 フィードフォワード制御とフィードバック制御の結合　*118*
- 演習問題　*122*

10 むだ時間プロセスの制御 — 123

- 10.1 むだ時間の長いプロセス　*123*
  - 10.1.1 むだ時間の長いプロセスの難しさ　*123*
  - 10.1.2 むだ時間プロセスを含む制御系　*124*
  - 10.1.3 純粋むだ時間プロセスの制御　*126*
- 10.2 スミス調節計　*133*
  - 10.2.1 スミス調節計の原理　*134*
  - 10.2.2 スミス調節計の解析　*134*
  - 10.2.3 積分性プロセスへのスミス調節計の適用　*137*
- 演習問題　*140*

11 代表的プロセスの制御 — 141

- 11.1 制御系の種類　*141*

11.2 流量制御 *142*

    11.2.1 流量制御系の特徴　*142*
    11.2.2 流量制御系の静特性　*142*
    11.2.3 制御弁の特性　*143*
    11.2.4 流量制御系の動特性　*143*
    11.2.5 制御弁の動特性　*143*
    11.2.6 流量制御系のチューニング　*144*

11.3 液位制御 *144*

    11.3.1 液位制御の特徴　*144*
    11.3.2 液位制御系のチューニング　*145*

11.4 圧力制御系 *146*

    11.4.1 気体圧力の制御　*146*
    11.4.2 液体圧力の制御　*146*

11.5 温度制御 *146*

    11.5.1 温度制御系の特徴　*146*
    11.5.2 温度制御系のチューニング　*147*

11.6 成分制御 *147*

    11.6.1 成分制御の特徴　*147*
    11.6.2 成分制御系のチューニング　*148*
    11.6.3 混合プロセスの制御　*148*

   演習問題　*150*

参 考 文 献 ――――――――――――――――――――――― *151*
演習問題解答 ―――――――――――――――――――――― *153*
索　　　引 ―――――――――――――――――――――――― *157*

1 自動制御とは

　工業プロセスでは，液体やガスの流量や温度などの物理量を自動制御している．そこでは通常**フィードバック制御**が使われている．しかし，フィードバック制御は使い方が悪いと，不安定になってしまい，流量や温度を希望の値に落ちつけることができない場合がある．

　この章では，フィードバック制御はどのように使うのか，どのような問題があるのか述べ，本書へのプロローグとする．

1.1　自動制御の問題

1.1.1　自動制御では何ができるか．

　図1.1において，左の方から流れ込んでくる水をバーナーで加熱し，出口温度を任意の設定値に保つ必要があるとする．水の流量や温度はときどき変わることがあるが，その場合でも出口温度は設定値を維持しなければならない．

　バーナーから流れ出る燃料をうまく調整すると，出口温度も調整できる．図のシステムはその調整操作を自動的に行わせ，出口温度を制御するものである．

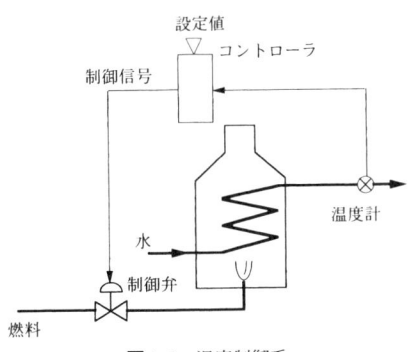

図1.1　温度制御系

すなわち，

① 加熱された水の温度は温度計で測定され，コントローラ（調節計）へ送られる．
② コントローラは測定された温度と設定値を比較して制御信号を制御弁へ送る．
③ 制御弁はその信号にもとづき燃料の流量を変える．

これが典型的な制御系の例である．これを**フィードバック制御**という．一般に，フィードバック制御系は**検出器**（この場合は温度計），**コントローラ**，**操作端**（この場合は制御弁）の3つの要素から構成される．

この例の温度のように，制御される変数を**制御量** (controlled variable) といい，コントローラの出力を**操作量** (manipulated variable) という．

また，フィードバックのある閉じた系を**閉ループ** (closed loop) といい，フィードバックのかかっていない系を**開ループ** (open loop) という．

このフィードバック制御の目標は「常に出口温度が設定値に一致していること」である．しかし，それを妨げ，系のバランスを崩す要因が2つある．

それは**設定値変更**と**外乱**である．ここでいう外乱とは，たとえば水の流量変化，水の入口温度変化，燃料のカロリー変化などのことである．特に水の流量変化（すなわち負荷変化）はしばしば起きるので，これに対応することはきわめて重要である．

1.1.2 フィードバック制御の難しさ

何らかの原因で温度が設定値からはずれると，コントローラはそれを修正しようとして制御弁を動かす．しばらくするとその結果が温度に現れる．それをみてコントローラはまた制御弁を動かす．このように操作と結果がぐるぐる回るところにフィードバック制御の特徴があり，難しさもそこにある．バーナーを開け過ぎると温度は上がり過ぎてしまい，それを引き戻そうとして閉めると今度は下がり過ぎてしまう．コントローラの操作の仕方が適切でないと，このようにいつまでも上がったり下がったりを繰り返す．落ちつくにしても長い時間がかかってしまう．かといって，用心して，少しずつ操作すると，いき過ぎこそなくなるが落ちつくまでに長い時間がかかってしまう．

自動制御の課題はどうしたらこういうことを避けて，速くかつ安定に動作する

1.1.3 フィードバック制御系の目標

以上をまとめると次のようになる．

フィードバック制御系の目標は「温度を設定値に一致させること」であるが，その際に

> ① 設定値変化や外乱入力に対しなるべく速く応答すること，すなわち，設定値変更の際はなるべく速く新しい設定値に到達し，外乱が入ったときはなるべく速く元の値に戻ること．
> ② 系が不安定にならないこと．

が要求される．

一般には「速く応答する」ことと，「安定である」ことは互いに矛盾する．速く応答させようとすると，不安定になりがちであり，不安定にならないようにすると応答が遅くなってしまう．この互いに矛盾する要求をどう妥協させるかが制御理論の課題である．

1.2 望ましい応答

制御系の応答のよさを調べるのにはいろいろな方法があるが，最も分かりやすいのは設定値をステップ状に変えるか，外乱をステップ状に入れ，系の落ちつく過程をみる方法である．設定値をステップ状に変えたときの制御量の応答を**ステップ応答**という．

ではどのような応答が望ましいかというと，なかなか一言ではいい切れない．目的により異なってくるのでいろいろな評価法がある．図1.2に1例を示す．(a)はいき過ぎがない応答である．目標値に到達するのに少々時間はかかるが，いき過ぎがあると困る場合に採用される．(b)はいき過ぎ（オーバーシュートといわれる）があるが，それは次第に減少していく．このいき過ぎ量が1回ごとに1/4ずつ減少していくのをよしとする場合もあれば，設定値からの偏差の2乗和が最小になる場合をよしとする場合などさまざまな評価法がある．これについては後に詳しく説明する．

図1.2 望ましい応答

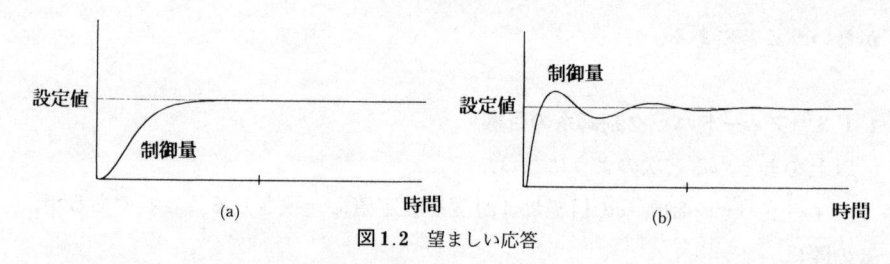

一方，望ましくないステップ応答の例を図1.3に示した．(a)は上の方へ動いていき，振り切れてしまう．(b)は振動がいつまでも収まらない．(c)は振動が時間とともに増大していく．

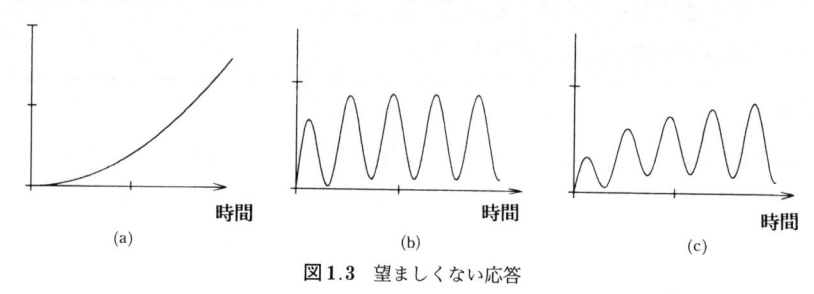

図1.3 望ましくない応答

そして，望ましい応答を得るために
- どんなコントローラを使えばよいか
- コントローラのパラメータをどのように決めればよいか

ということが設計者の仕事になる．

1.3 コントローラの種類

コントローラにはいろいろな種類のものがある．たとえば，
① オンオフ制御
② PID制御
③ 状態フィードバック制御
④ ルールベーストコントローラ（ファジィ制御など）

などがある．このうちどれを使うかは，必要とされる精度や，費用などを考慮して決めることになる．家庭で使う電気炬燵の温度制御には簡単なオンオフ制御が多く使われている．工場でのプロセス制御ではPID制御が圧倒的に多く使われている．本書ではこのPID制御について詳しく述べる．

1.4 プロセスの周波数特性

図1.3では望ましくない応答について示した．こういうことはどうしても避けなければならない．すなわち，フィードバック制御系では系が不安定になってはいけない．これを防ぐためには，逆にどんなとき不安定になるか知る必要がある．

図1.3(a)では制御量がどんどん増えていく場合を示した．これが起きるのはフィードバックの極性が悪い場合である．つまり，偏差を打ち消すように操作しなければならないのに，偏差を増長させる方向に操作してしまった場合である．これを**正帰還**（positive feedback）という．実際にはこのような誤りはすぐ気が付くので，制御出力の極性を変えれば解決する．これに対し偏差を打ち消す方向に操作するやり方を**負帰還**（negative feedback）という．図1.2(a), (b)のような望ましい応答を得るのも，図1.3(b), (c)ような望ましくない応答を得るのもこの場合である．

さて，この問題を考えるとき重要になるのがプロセスの入出力の関係である．すなわち，図1.1の例において，入力とは燃料の流量（操作量）であり，出力とは水の出口温度である．プロセスの内部で起こる熱伝達や諸々の現象を無視して，入出力変数の関係だけをブラックボックス的に書くと図1.4のようになる．

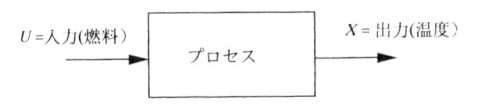

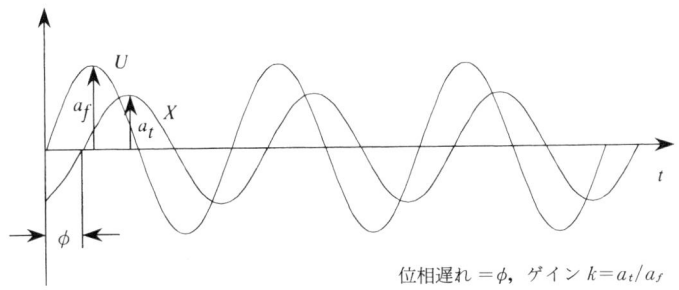

(a) 入出力関係：操作入力 U と出力 X の関係に着目する

位相遅れ $=\phi$，ゲイン $k=a_t/a_f$

(b) U を正弦波状に変化させると，X は振幅と位相が異なった正弦波となる

図1.4 周期的変動に対する入出力の関係

特に重要なのは次のような特性である．燃料を正弦波状に変動させた場合，一定時間が経過すると温度も正弦波状に変動する．重要なのは「燃料変化と温度変化の大きさと位相の関係」である．図は温度変化の位相が ϕ だけ遅れており，ゲインは振幅の比 $k=a_t/a_f$ となっている．この位相差 ϕ とゲイン k は入力信号の周波数によって変化する．これを周波数特性といい，制御系を設計するうえでたいへん重要である．これについては後に，詳しく説明する．

1.5 フィードバック制御系の持続振動

話を元へ戻し，どういうとき系が振動的になるか考えよう．いま，われわれが考えているのは図1.5のようにフィードバックのかかった閉ループの安定性である．

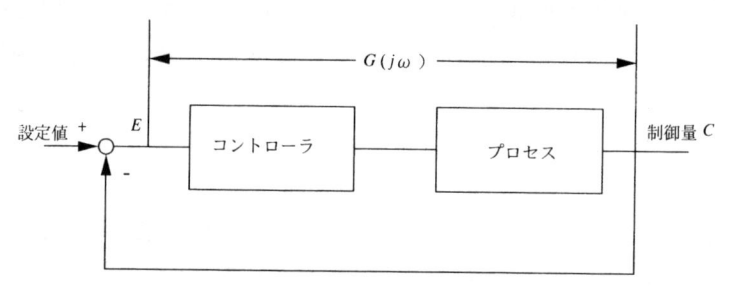

図1.5 閉ループ特性

これは，コントローラとプロセスの特性を合わせた E から C までの特性によって決まる．この部分を改めて書き直すと図1.6のようになる．

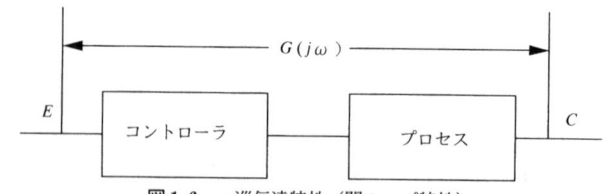

図1.6 一巡伝達特性（開ループ特性）

これを**一巡伝達特性**または**開ループ特性**という．閉ループの安定性はこの一巡伝達特性で決まるのである．コントローラの特性も含めたこの一巡伝達特性を，改めて $G(j\omega)$ と書くことにし，そのゲインを $|G(j\omega)|$，位相差を $\angle G(j\omega)$ と書くことにすると，このゲインおよび位相遅れが次の条件を満たすとき閉ループは持続振動を起こす．

① $|G(j\omega)|=1$
② $\angle G(j\omega)=-180°$

すなわち，持続振動を起こすのは，ある周波数に対し，一巡伝達特性のゲインは 1 で，位相遅れが 180° のときである．これは後にきちんと説明するが，ここでは，いま直観的に理解することを考えてみよう．

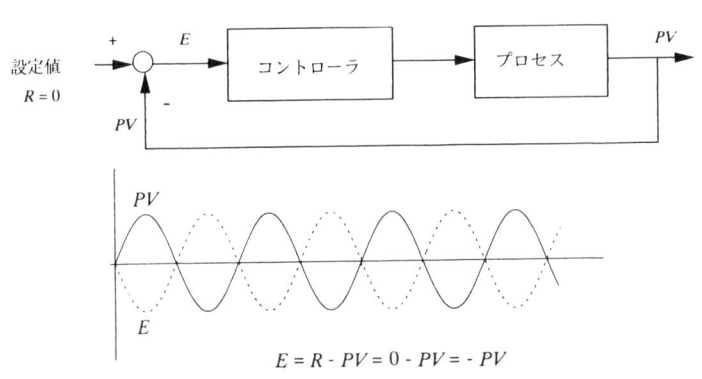

図 1.7 制御系の持続振動

図 1.7 において，$R=0$ としておく．いまある周波数で制御量 (PV) が実線のように振動していたとする．すると偏差 (E) は $E=R-PV$ であり，$R=0$ であるから，$E=-PV$ となり，図の点線のようになる．

これは，別の見方をすれば，**ある周波数をもつ偏差信号 E がコントローラとプロセスを通って一巡してきたとき**

　　大きさが変わらず　（$|G(j\omega)|=1$）

　　位相が 180° 遅れた　（$\angle G(j\omega)=-180°$）

とみることができる．実はこれが持続振動を起こすための必要十分条件なのである．後に出てくる**ナイキストの安定判別法**もこのことを述べているのである．

以上をまとめると，フィードバック制御系が振動を起こさないためには一巡伝達特性の

・ゲインを上げ過ぎないこと

・位相をなるべく遅らせないこと

が大切になる．

特に，位相を遅らせないことは重要である．このことをもっとよく理解するに

はラプラス変換や伝達関数の知識がどうしても必要になるので，次章以降で勉強する．

演習問題

1.1 図E1.1において仮に正帰還をかけたとすると，どのような現象が起きるか考察せよ．

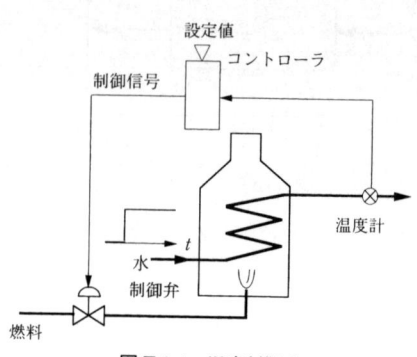

図E1.1 温度制御系

1.2 図E1.1でフィードバック制御が適切に調節されているとする．このとき負荷流量（水）が図のようにステップ状に増えたとする．出口の温度がどのように変化するか予想せよ．

2 ラプラス変換と伝達関数

　ラプラス変換を使うと，制御系の特性解析や設計がたいへん楽になる．ステップ的に変化する信号は $1/s$，指数的に変化する信号は $1/(s+a)$ のように書き表される．また，ラプラス変換の世界では，関数を微分するには s を掛ければよく，積分するには $1/s$ を掛けるだけでいい．
　コントローラや制御対象の特性も伝達関数で表し，解析や設計に使うことができる．

2.1 ラプラス変換のメリット

　この章ではラプラス変換について学ぶ．ラプラス変換は制御システムを解析，設計する上で必要な道具であるから，ぜひ使えるようにしておかねばならない．
　ラプラス変換は面倒なものと思われがちであるが決してそうではない．あまり厳密なことをいわず，道具として割り切ってしまえば，大変便利なものである．ラプラス変換には次のような特長がある．
　① 微分積分が乗除算に
　　微分と積分は s, $1/s$ という記号で表され，あとは加減乗除でよい．
　② 入出力関係を簡単に表現
　　調節計や制御対象の入出力特性が伝達関数という形で簡単に表現できる．
　③ 周波数特性が一目瞭然
　　$s=j\omega$ とおくことにより調節計や制御対象の周波数特性がすぐ分かる．
　　（ただし，j は虚数の記号，ω は角周波数 $\omega=2\pi f$）
　このような特徴をもつラプラス変換はステップ応答を求めたり，制御系の解析をしたりするうえできわめて便利である．その使い方を図示すると図2.1のようになる．

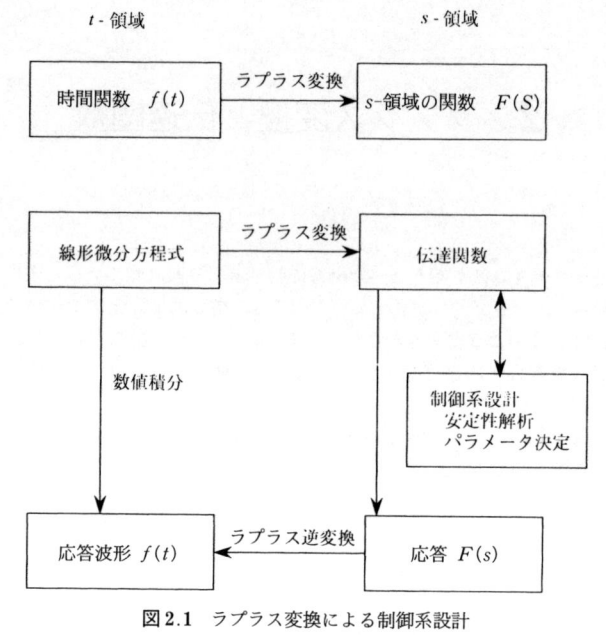

2 ラプラス変換と伝達関数

t - 領域　　　　　　　　　　　*s* - 領域

時間関数 $f(t)$ →ラプラス変換→ s-領域の関数 $F(S)$

線形微分方程式 →ラプラス変換→ 伝達関数 ↔ 制御系設計／安定性解析／パラメータ決定

線形微分方程式 →数値積分→ 応答波形 $f(t)$ ←ラプラス逆変換← 応答 $F(s)$

図2.1 ラプラス変換による制御系設計

2.2 ラプラス変換の定義

プロセスの動きや，入ってくる信号は時間とともに変化している．それらはたとえば図2.2のような関数として表される．

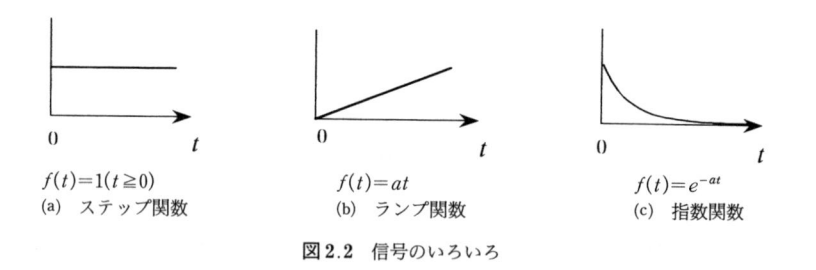

(a) $f(t)=1(t\geq 0)$ ステップ関数
(b) $f(t)=at$ ランプ関数
(c) $f(t)=e^{-at}$ 指数関数

図2.2 信号のいろいろ

これらの関数は時間 t を変数とする関数である．ラプラス変換では，次のようにして複素数 s を変数とする関数に変換する．

いま，$t\geq 0$ で定義された時間関数 $f(t)$ を考え，ある正の定数 δ_0 より小さくないすべての a に対して

$$|f(t)|\leq ke^{at}$$

が成り立つとき，

$$F(s)=\int_0^\infty f(t)e^{-st}dt \tag{2.1}$$

なる変換を行うと，実数部が δ_0 より大きいすべての複素数 s において絶対収束する．この $F(s)$ を $f(t)$ の**ラプラス変換**という．

また，$c>\delta_0$ なるように選んだ積分路にそっての積分

$$f(t)=\frac{1}{2\pi j}\int_{c-j\infty}^{c+j\infty}F(s)e^{st}ds \tag{2.2}$$

により，$f(t)$ は $F(s)$ から $t\geqq 0$ について求められる．これを**ラプラス逆変換**という．

ラプラス変換は (2.1)，(2.2) 式の代わりに簡単に，

$$F(s)=\mathcal{L}[f(t)], \quad f(t)=\mathcal{L}^{-1}[F(s)]$$

のようにも書かれる．

ラプラス変換の例

(1) 図 2.2(a) に示したステップ関数のラプラス変換は定義式から次のように求められる．

$$F(s)=\int_0^\infty e^{-st}dt=-\frac{1}{s}\left[e^{-st}\right]_0^\infty=-\frac{1}{s}(0-1)=\frac{1}{s} \tag{2.3}$$

(2) 図 2.2(b) に示したランプ関数のラプラス変換は，定義式から部分積分を使い次のように求められる．

$$F(s)=\int_0^\infty ate^{-st}dt=\left[t\left(-\frac{a}{s}\right)e^{-st}\right]_0^\infty+\frac{a}{s}\int_0^\infty e^{-st}dt$$

$$=\left[-\frac{a}{s^2}e^{-st}\right]_0^\infty=\frac{a}{s^2} \tag{2.4}$$

(3) 図 2.2(c) に示した指数関数のラプラス変換は，定義式から次のように求められる．

$$F(s)=\int_0^\infty e^{-at}e^{-st}dt=\frac{1}{s}\int_0^\infty e^{-(a+s)t}dt=\left[-\frac{1}{a+s}e^{-(a+s)t}\right]_0^\infty$$

$$=\frac{1}{s+a} \tag{2.5}$$

簡単な例を計算したが，いちいち自分で計算しなくても，既に変換表ができているので，それを利用すれば便利である．表2.1によく使われるものを示す．特に，インパルス，ステップ，ランプ，指数関数は重要であるので記憶して頂きたい．なお，インパルスを表す $\delta(t)$ はデルタ関数といわれ，幅が Δt，高 A なる矩形波において，$A \cdot \Delta t = 1$ なる関係を保ちながら $\Delta t \to 0$ とした極限の関数として定義される．制御の分野ではインパルスを表すのに通常これを使っている．

表2.1 常用ラプラス変換表

		時間関数	ラプラス変換
①	インパルス	$\delta(t)$	1
②	ステップ	1	$\dfrac{1}{s}$
③	ランプ	t	$\dfrac{1}{s^2}$
④		t^n	$\dfrac{n!}{s^{n+1}}$
⑤	指数関数	e^{-at}	$\dfrac{1}{s+a}$
⑥		$\dfrac{1}{(n-1)!} t^{n-1} e^{-at}$	$\dfrac{1}{(s+a)^n}$
⑦		$\sin \omega t$	$\dfrac{\omega}{s^2+\omega^2}$
⑧		$\cos \omega t$	$\dfrac{s}{s^2+\omega^2}$
⑨		$e^{-at} \sin \omega t$	$\dfrac{\omega}{(s+a)^2+\omega^2}$
⑩		$e^{-at} \cos \omega t$	$\dfrac{s+a}{(s+a)^2+\omega^2}$

2.3 ラプラス変換の定理

ラプラス変換は重要ないくつかの性質をもっている．次に，これらを紹介する．

(1) 線　型　性

$$\mathcal{L}[af_1(t)+bf_2(t)]=aF_1(s)+bF_2(s) \tag{2.6}$$
$$\mathcal{L}^{-1}[aF_1(s)+bF_2(s)]=af_1(t)+bf_2(t) \tag{2.7}$$

これは定数を掛けたり，2つの関数を加えたりする場合，ラプラス変換をする前に行っても，ラプラス変換をした後から行っても同じであることを示している．

(2) 微分，積分

$$\mathcal{L}\left[\frac{df(t)}{dt}\right]=sF(s)-f(0^+) \tag{2.8}$$
$$\mathcal{L}\left[\int f(t)dt\right]=\frac{F(s)}{s}+\frac{f^{(-1)}(0^+)}{s} \tag{2.9}$$

すなわち，

時間領域の微分は s-領域では s を掛ける

時間領域の積分は s-領域では s で割る

注) $f(0^+)$，$f^{(-1)}(0^+)$ は次のような初期値を表している．

$$f(0^+)=\lim_{t \to 0} f(t), \qquad t>0 \tag{2.10}$$
$$f^{(-1)}(0^+)=\lim_{t \to 0}\left[\int_0^t f(\tau)d\tau\right], \quad t>0 \tag{2.11}$$

(3) t-領域での推移定理

$$\mathcal{L}[f(t-a)]=e^{-as}F(s) \tag{2.12}$$
$$\mathcal{L}[f(t+a)]=e^{as}F(s) \tag{2.13}$$

この定理によれば，**t-領域で a だけ時間をずらすことは，s-領域で e^{-as} を掛けることに相当する**．制御ではむだ時間を表すのに使われる．

(4) たたみこみ積分（s-領域での積）

$$\mathcal{L}\left[\int_0^t f_1(\tau)f_2(t-\tau)d\tau\right]=F_1(s)\cdot F_2(s) \tag{2.14}$$

t-領域でのたたみこみ積分は s-領域では単に2つの関数の積になる．これも大変重要な定理であり，おかげで後から出てくる伝達関数を結合することができるのである．

(5) 最終値定理と初期値定理

① $\lim_{t \to \infty} f(t) = \lim_{s \to 0} s \cdot F(s)$ (2.15)

② $\lim_{t \to 0} f(t) = \lim_{s \to \infty} s \cdot F(s)$ (2.16)

①は時間が∞になったときの値を調べるには $F(s)$ に s を掛けて $s \to 0$ の極限を調べればよいことを示している．十分時間が経った後制御量が設定値に一致するかどうか調べるのに大変便利な定理である．

②はそれとは逆に $t=0$ での値を調べるのに使われる．

これら以外にもラプラス変換に関する定理はいくつかあるが，ここではよく使われるもののみにとどめた．

2.4 ラプラス逆変換

s-領域で制御系を解析して，その結果を t-領域でみたいことがしばしば起こる．そのときはラプラス逆変換をしなければならない．(2.2) 式の計算をしてもよいのであるが，これは一般に厄介であるからラプラス変換表があればそれを使えばよい．

くわしい表が手元にない場合でも，次に述べる**部分分数**に展開する方法を使うとかなり複雑な関数でもラプラス逆変換が容易にできる．

［例題 2.1］

$$F(s) = \frac{k}{s(s+a)} \tag{2.17}$$

のラプラス逆変換を求めよ．

［解答］　このような問題を解くのによく使われる方法は部分分数に展開する方法である．すなわち，

$$F(s) = \frac{k}{s(s+a)} = \frac{A}{s} + \frac{B}{s+a} \tag{2.18}$$

の形になればラプラス変換表が使える．

(2.18) 式を再びまとめると次のようになる．

$$\frac{A}{s} + \frac{B}{s+a} = \frac{(A+B)s + Aa}{s(s+a)} \tag{2.19}$$

これを (2.17) 式と比較すると，

2.4 ラプラス逆変換

$$A+B=0, \quad Aa=k \tag{2.20}$$

であることが分かる．したがって，$A=k/a$，$B=-k/a$ であるから，結局，

$$F(s)=\frac{k}{s(s+a)}=\frac{k}{as}-\frac{k}{a(s+a)} \tag{2.21}$$

となる．表 2.1 によれば $1/s$，$1/(s+a)$ に対応する時間関数はそれぞれ 1 および e^{-at} であるから，

$$f(t)=\mathcal{L}^{-1}[F(s)]=\frac{k}{a}(1-e^{-at}) \tag{2.22}$$

となる．

[例題 2.2]

$$F(s)=\frac{2}{s^2+4} \tag{2.23}$$

のラプラス逆変換を求めよ．

[解答] $s^2+4=(s+2j)(s-2j)$ と因数分解できる．ただし，j は虚数記号である ($j^2=-1$)．虚数が出てきても，[例題 2.1] と同様に扱ってよい．

$$F(s)=\frac{2}{s^2+4}=\frac{A}{s+2j}+\frac{B}{s-2j} \tag{2.24}$$

とおいて，A，B を求めると，

$$A=j/2, \quad B=-j/2$$

となるので，元の式は，

$$F(s)=\frac{2}{s^2+4}=\frac{j}{2(s+2j)}-\frac{j}{2(s-2j)} \tag{2.25}$$

となる．これに表を適用すると，

$$f(t)=\mathcal{L}^{-1}[F(s)]=\frac{j}{2}e^{-2jt}-\frac{j}{2}e^{2jt} \tag{2.26}$$

となる．ここで，**オイラーの公式**

$$\boxed{e^{jx}=\cos x+j\sin x} \tag{2.27}$$

を適用すると，

$$\begin{aligned}f(t)&=(j/2)(\cos 2t-j\sin 2t)-(j/2)(\cos 2t+j\sin 2t)\\&=-j^2\sin 2t=\sin 2t\end{aligned} \tag{2.28}$$

が得られ，これは表 2.1 の $\sin \omega t$ で $\omega=2$ とおいたものと一致する．

[例題 2.3]

$$F(s)=\frac{4}{s(s+2)^2} \tag{2.29}$$

のラプラス逆変換を求めよ．

[解答] これは重根がある場合である．このような場合は，

$$F(s)=\frac{4}{s(s+2)^2}=\frac{A}{s}+\frac{B}{s+2}+\frac{C}{(s+2)^2} \tag{2.30}$$

なる形に分解すればよい．すると，$A=1$，$B=-1$，$C=-2$ となるから，

$$F(s)=\frac{4}{s(s+2)^2}=\frac{1}{s}-\frac{1}{s+2}-\frac{2}{(s+2)^2} \tag{2.31}$$

となるので，表 2.1 を適用すると，

$$f(t)=\mathcal{L}^{-1}[F(s)]=1-e^{-2t}-2te^{-2t}=1-(1+2t)e^{-2t} \tag{2.32}$$

が得られる．

2.5　伝　達　関　数

2.5.1　微分方程式によるプロセス動特性の表現

プロセスの動特性は微分方程式で表されることが多い．したがって，ラプラス変換の s が微分演算子であることを使うと，動特性はこの s を使って表すことができる．簡単な例題を使ってプロセスの動特性がどのように表現されるか考えることにする．

[例題 2.4]

図 2.3 に示すプロセスにおいて，流入量と液面レベルの関係を表す式をつくれ．

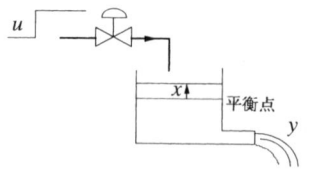

図 2.3　タンクのレベル変化とそれに伴う流出量変化

[解答] レベル，流入量，流出量はそれぞれ，平衡点からの変化分をとり，それぞれ x，u，y と書くことにする．レベルの変化速度 dx/dt は流入量変化分 u と流出量変化分 y との差に比例するので次のように表される．

$$\frac{dx}{dt} = \frac{1}{C}(u-y) \tag{2.33}$$

ただし，C はタンクの断面積である．

ところで，流出量はレベルの関数であり，レベルが高いほど底面圧力が高いので，流出量も多くなる．一般的には圧力（すなわちレベル）の平方根に比例するのであるが，小さな変化範囲ではレベルに比例すると考えてよい．したがって，

$$y = \frac{1}{R}x \tag{2.34}$$

と表される．ただし，R は出口における水の流れに対する抵抗を表す係数である．

(2.34) を (2.33) に代入すると，

$$\frac{dx}{dt} = -\frac{1}{CR}x + \frac{1}{C}u \tag{2.35}$$

となる．これが，レベルの動的変化を記述する方程式である．ここで，

$$a = \frac{1}{CR}, \quad b = \frac{1}{C}, \quad c = \frac{1}{R} \tag{2.36}$$

とおくと，(2.35)，(2.34) 式は，

$$\frac{dx}{dt} = -ax + bu \tag{2.37}$$

$$y = cx \tag{2.38}$$

となる．この2つの式でこのプロセスの動特性が記述されることになる．

2.5.2　伝達関数によるプロセス動特性の表現

ここで，ラプラス変換では微分は s を掛けることに対応していたことを思い出そう．そして (2.37)，(2.38) 式を書き換えると，

$$sX(s) - x(0) = -aX(s) + bU(s) \tag{2.39}$$

$$Y(s) = cX(s) \tag{2.40}$$

となる．ただし，$X(s)$，$U(s)$，$Y(s)$ はそれぞれ x，u，y をラプラス変換したものである．

$x(0) = 0$ とすると，(2.39) から，

$$X(s) = \frac{b}{s+a}U(s) \tag{2.41}$$

となる．これを (2.40) に代入すると，

$$Y(s) = \frac{cb}{s+a} U(s) \tag{2.42}$$

となる．

この式は入力 $U(s)$ と出力 $Y(s)$ の関係を表している．図2.4はこの関係を図示している．

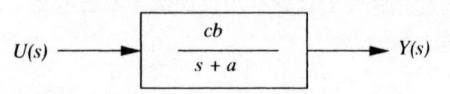

```
U(s) ───→ [ cb/(s+a) ] ───→ Y(s)
```

図2.4 流入量 $U(s)$ と流出量 $Y(s)$ との関係

ラプラス変換を使うと，このように入力と出力の関係が簡単に表される．そしてこの箱のなかにある

$$G(s) = \frac{cb}{s+a} \tag{2.43}$$

はプロセスの動特性を表している．この $G(s)$ を**伝達関数**という．伝達関数を使うと入出力の関係が

$$Y(s) = G(s)U(s) \tag{2.44}$$

と掛け算で表されるので非常に便利であり，制御システムの解析にはなくてはならないものとなっている．

2.5.3 伝達関数の応用

これでいよいよ道具立ては揃ったので次の問題を考えてみよう．

［例題 2.5］

図2.4のプロセスで流入量 $U(s)$ がステップ状に1%増加したら流出量 $Y(s)$ はどのように変化するか．

ただし，(2.42)式で $a=0.2$，$cb=0.2$ とする．

［解答］ $U(s)$ はステップ状に変化するので，表2.1から，

$$U(s) = \frac{1}{s}$$

と表される．したがって，(2.42)式から，

$$Y(s) = \frac{0.2}{s(s+0.2)} \tag{2.45}$$

となることが分かる．

時間関数に直すには部分分数を使う.

$$Y(s)=\frac{0.2}{s(s+0.2)}=\frac{1}{s}-\frac{1}{s+0.2} \tag{2.46}$$

である．したがって，表2.1から，

$$y(t)=1-e^{-0.2t} \tag{2.47}$$

であることが分かる．

図示すると図2.5のようになる．

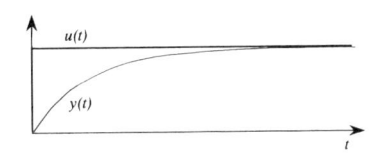

図2.5 流入量の変化 $u(t)$ と流出量の変化 $y(t)$ の応答

2.5.4　一時遅れ系

一般に伝達関数が，

$$G(s)=\frac{b}{s+a} \tag{2.48}$$

なる形をしているとき，これを **1次遅れ系** という．

いま，$T=1/a$, $k=b/a$ とおくと (2.48) 式は，

$$G(s)=\frac{b}{1+Ts} \tag{2.49}$$

となる．この伝達関数を持つプロセスにステップ入力が入ると，出力は，

$$Y(s)=\frac{k}{s(1+Ts)}=\frac{k}{s}-\frac{k}{s+1/T} \tag{2.50}$$

$$y(t)=k(1-e^{-t/T}) \tag{2.51}$$

となり，応答波形は図2.6のようになる．

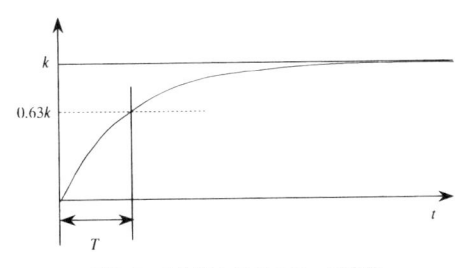

図2.6　1次遅れ系のステップ応答

この T を**時定数**といい，$t=T$ の時点で $e^{-t/T}=e^{-1}\fallingdotseq 0.37$ となるので，$y(T)\fallingdotseq 1-0.37=0.63$ となる．すなわち，最終値の約 63% に到達することが分かる．この T の値をみればプロセスの応答の速さの大体の見当がつく．

以上をまとめると1次遅れの伝達関数は次のように読むことができる．

$$G(s)=\frac{2}{1+5s} \tag{2.52}$$

という伝達関数はステップ入力が入ると，出力は大きさが2倍になり，63% に到達するのに5秒かかる．

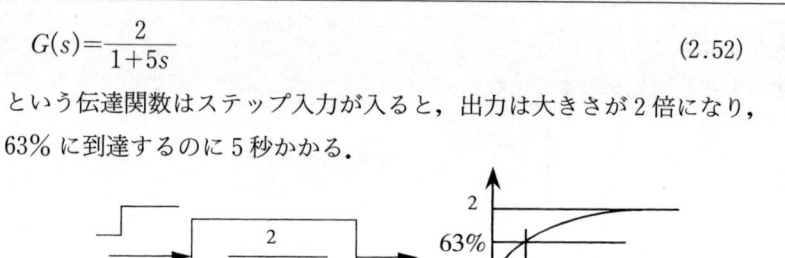

図2.7 1次遅れ系のステップ応答

なお，蛇足であるが単位が"秒"か"分"か"時間"かということははじめに式を立てる時点で決めておかねばならない．

1次遅れで表されるシステムは多い．次にもう1つ簡単な例をあげておく．

[例題 2.6]

図2.8 の電気回路においてスイッチ S を入れるとコンデンサの電圧 V_c はどのように変化するか．

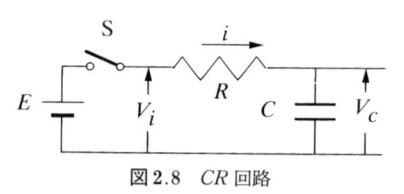

図 2.8 CR 回路

[解答] V_i はステップ状に変化するから E/s で表される．R，C の部分に関しては次の式がなりたつ．

$$C\frac{dV_c}{dt}=\frac{V_i-V_c}{R} \tag{2.53}$$

(2.53) 式の右辺は抵抗 R を通ってコンデンサ C に流れ込む電流である．$s=d/dt$ とおいて整理すると，

$$(1+CRs)V_c=V_i \tag{2.54}$$

したがって，

$$\frac{V_c}{V_i} = \frac{1}{1+CRs} \tag{2.55}$$

となり，1次遅れで表されることが分かる．$V_i = E/s$ であったから，

$$V_c = \frac{E}{s(1+CRs)} \tag{2.56}$$

である．CR が時定数になる．(2.56) を時間関数に変換すると，

$$V_c = E(1 - e^{-t/CR}) \tag{2.57}$$

となる．

2.5.5 むだ時間

図2.9は濃度の異なった2種類の液体を混合するプロセスである．このプロセスで弁開度Aを一定量ステップ状に変化させると測定点Qでの濃度はどうなるだろうか．混合点Pでの濃度はすぐ変化する．しかし，図のなかに示したようにQ点では液がパイプのなかを流れてくる時間Lだけ遅れて出てくる．このような遅れを**むだ時間**という．ところで，点Pでの濃度を$X_p(t)=C(t)$とすると点Q濃度は$X_q=C(t-L)$となる．

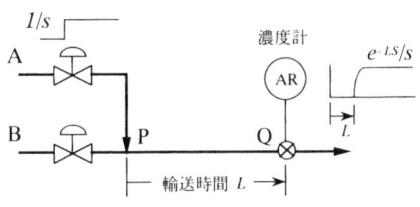

図2.9 液体の混合とむだ時間

ここで，ラプラス変換の推移定理を使うとこの2点での濃度は次のように表される．

$$X_q(s) = e^{-Ls} X_p(s) \tag{2.58}$$

このように簡単に表されるのもラプラス変換の長所である．以後は，

> 伝達関数 e^{-Ls} は時間を L だけ遅らせる演算子である．

と考えればよい．

もう1つ別の例をあげておく．図2.10は浄水場などで殺菌のために塩素を注

入する例である．残っている塩素の濃度を測定しているとする．塩素を投入してからその結果が濃度計に現れるのをみると複雑である．ここまでがむだ時間であるというようにはっきりとは決めがたい．実は現実のプロセスではこういう場合の方が多い．そういう場合は図に示すように近似してむだ時間プラス1次遅れで表せばよいことが多い．すなわち，伝達関数で表すと次のようになる．

$$G(s) = \frac{ke^{-Ls}}{1+Ts} \tag{2.59}$$

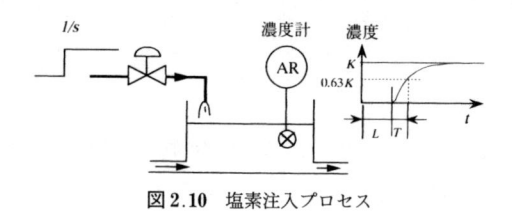

図2.10 塩素注入プロセス

2.6 ブロック線図

2.6.1 ブロック線図とは

伝達関数を使うと信号の入出力関係を1つのブロックとして扱うことができる．たとえば，調節計，プロセスなどをそれぞれ1つのブロックとして考え，それらを結合したものを**ブロック線図**という．

図2.11にブロック線図の例を示す．

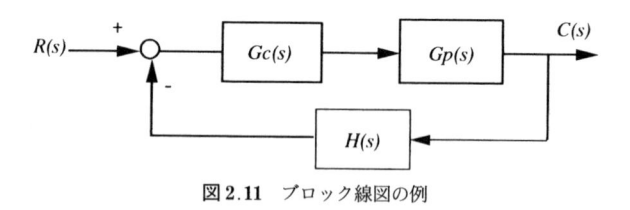

図2.11 ブロック線図の例

2.6.2 ブロック線図の等価変換

ブロック線図は使用目的に応じて，1つにまとめたり，信号の取り出し位置を変えたりすることができる．図2.12に主なものを示すが，たいていのものはほとんど自明であろう．

ただし，フィードバックのある⑤は少し分かりにくいので図2.13を用いて説

2.6 ブロック線図

① 直列接続

$G_1(s) \cdot G_2(s) \quad \longleftrightarrow \quad G_1(s)G_2(s)$

② 並列接続

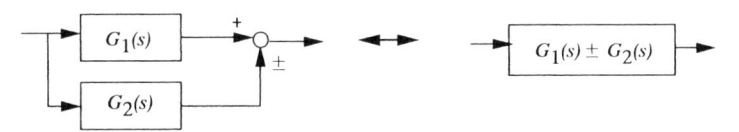

$G_1(s),\ G_2(s) \quad \longleftrightarrow \quad G_1(s) \pm G_2(s)$

③ 加え合せ点の移動

④ 引出し点の移動

⑤ フィードバック接続

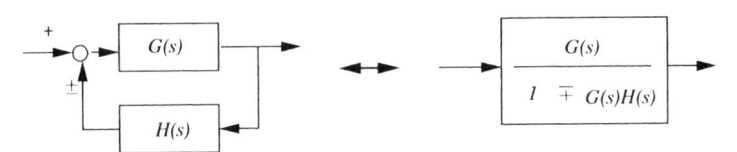

$\dfrac{G(s)}{1 \mp G(s)H(s)}$

図 2.12 伝達関数の等価変換

$\dfrac{G(s)}{1 + G(s)H(s)}$

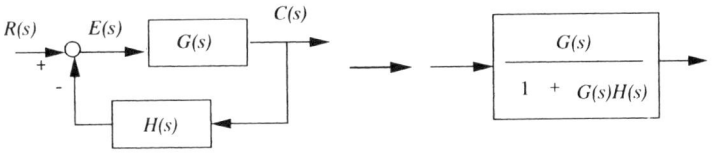

図 2.13 フィードバックのある系と等価変換

明しておく．他の場合も同様に導くことができる．

図 2.13 は伝達関数の定義から次の関係を表している．

$$E(s) = R(s) - H(s)C(s) \tag{2.60}$$

$$C(s) = G(s)E(s) \tag{2.61}$$

(2.60) を (2.61) に代入して $E(s)$ を消去すると，
$$C(s) = R(s)G(s) - C(s)H(s)G(s)$$
となる．したがって，
$$\frac{C(s)}{R(s)} = \frac{G(s)}{1+G(s)H(s)} \tag{2.62}$$
が得られる．これが図 2.12 ⑤ の内容である．この変換は非常によく使われる．この例はフィードバック信号がマイナスになって加えられる**負帰還**の例であるが，正符号で加えられる**正帰還**の場合は (2.62) 式の分母が $1-G(s)H(s)$ となることに注意しよう．

演 習 問 題

2.1 s 領域で表された伝達関数をラプラス変換して，時間関数を求め，その略図を描け．

① $G(s) = \dfrac{1}{s(1+10s)}$

② $G(s) = \dfrac{1}{s(s^2+s+1)}$

2.2 図 E 2.1 の位置に外乱 $D(s)$ が入るとする，$D(s)$ から制御量 $C(s)$ までの伝達関数を求めよ．

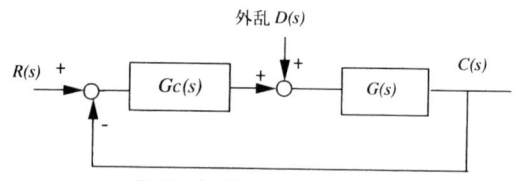

図 E 2.1　外乱のあるシステム

2.3 図 E 2.2 の入力 $R(s)$ から出力 $C(s)$ までを 1 つのブロック図にまとめよ．ただし，K, T, L は定数である．

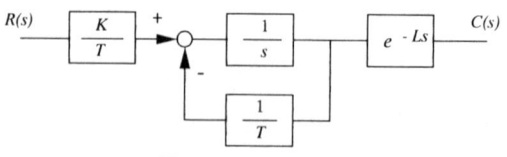

図 E 2.2　ブロック図

3 伝達関数の周波数応答

制御対象に周期的に変化する信号を加えると，出力も周期的に変化する．出力信号を入力信号と比べると**大きさ**と**位相**が変化している．その変化の仕方は加える信号の周波数によって異なる．これを**周波数特性**といい，それを知ることは系の特性を解析するうえできわめて重要である．この周波数特性を図で表したものに**ベクトル軌跡**や**ボード線図**がある．

3.1 周波数特性とは

図 3.1 のような温度制御系を考えよう．制御弁を周期的に変化させ，燃料流量を変化させると，出口温度 T_2 も周期的に変化する．制御弁を非常にゆっくり動かしている場合は，温度変化も，ほぼその通り変化する．しかし，弁の変化速度を速くすると，プロセスには遅れがあるので，その通りついてくることができなくなり，温度変化の振幅は小さくなり，波の位相も遅れてくる．制御弁の変化速度が速くなればなるほど，それは顕著になる．

この，操作速度と振幅や遅れの関係を定量的に記述するのが本章の目的である．

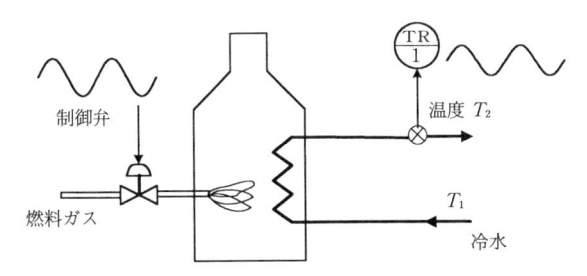

図 3.1 制御弁を周期的に変化させ，燃料流量を変化させると，出口温度 T_2 も周期的に変化する

3.2 伝達関数のベクトル表現

時間とともに変化する正弦波は，

$$Y = A\sin(\omega t + \phi) \tag{3.1}$$

と表される．

いま，

$$Y_1 = A_1 \sin(\omega t + \phi_1) \tag{3.2}$$

なる正弦波が伝達関数 $G(s)$ をもつプロセスを通ったとき定常出力が，

$$Y_2 = A_2 \sin(\omega t + \phi_2) \tag{3.3}$$

のように変化したとする．

すなわち，大きさは A_2/A_1 倍になり，位相は $\phi_2 - \phi_1$ だけ変化したことになる．

これらは伝達関数 $G(s)$ の周波数特性により決まる．大きさの比 A_2/A_1 を伝達関数 $G(s)$ の**ゲイン**，位相の変化量 $\phi_2 - \phi_1$ を**位相差**という．

少々天下り的になるがこのゲインと位相差は次のようにして求める．

$G(s)$ において，$s = j\omega$ とおくと伝達関数は

$$G(j\omega) = \mathrm{Re}(j\omega) + \mathrm{Im}(j\omega) \tag{3.4}$$

のような複素数になる．この $G(j\omega)$ を**周波数伝達関数**という．このとき，ゲイン比および位相差は次の式から計算できる．

$$A_2/A_1 = |G(j\omega)| = \sqrt{\{\mathrm{Re}(j\omega)\}^2 + \{\mathrm{Im}(j\omega)\}^2} \tag{3.5}$$

$$\phi = \angle G(j\omega) = \tan^{-1}\frac{\mathrm{Im}(j\omega)}{\mathrm{Re}(j\omega)} \tag{3.6}$$

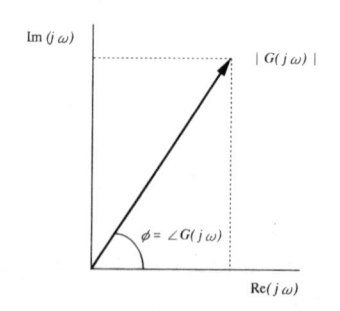

図 3.2 周波数伝達関数の大きさと位相

これらは図 3.2 に示すように周波数伝達関数に対応するベクトルの絶対値と角度に相当する．

[例題 3.1]

伝達関数
$$G(s)=\frac{1}{1+Ts} \tag{3.7}$$
のゲインと位相を求めよ．

[解答] (3.5), (3.6) 式を適用する．
$$G(j\omega)=\frac{1}{1+j\omega}=\frac{1-j\omega T}{(1+j\omega T)(1-j\omega T)}=\frac{1-j\omega T}{1+\omega^2 T^2} \tag{3.8}$$

$$\mathrm{Re}(j\omega)=\frac{1}{1+\omega^2 T^2}, \qquad \mathrm{Im}(j\omega)=\frac{-\omega T}{1+\omega^2 T^2} \tag{3.9}$$

したがって，
$$|G(j\omega)|=\sqrt{\{\mathrm{Re}(j\omega)\}^2+\{\mathrm{Im}(j\omega)\}^2}=\frac{1}{\sqrt{1+\omega^2 T^2}} \tag{3.10}$$

$$\angle G(j\omega)=\tan^{-1}\frac{\mathrm{Im}(j\omega)}{\mathrm{Re}(j\omega)}=-\tan^{-1}\omega T \tag{3.11}$$

[別解] 上の解答では，(3.5), (3.6) 式を使うことによりゲイン比と位相差は簡単に求まった．しかし，この両式は天下り的に与えてしまったので，この例題を使って (3.5), (3.6) 式が正しいことを示す．

正弦波 $u(t)=\sin\omega t$ のラプラス変換は，
$$U(s)=\frac{\omega}{s^2+\omega^2} \tag{3.12}$$
で表されるから，伝達関数を通った信号は，
$$Y(s)=\frac{1}{1+Ts}U(s)=\frac{1}{1+Ts}\frac{\omega}{s^2+\omega^2} \tag{3.13}$$
となる．ここで，$a=1/T$ とおき，かつ $s^2+\omega^2=(s-j\omega)(s+j\omega)$ と因数分解すると，
$$Y(s)=\frac{a\omega}{(s+a)(s-j\omega)(s+j\omega)} \tag{3.14}$$
となる．これを部分分数に展開すると，
$$Y(s)=\frac{a\omega}{(a^2+\omega^2)(s+a)}+\frac{a}{2j}\left\{\frac{1}{(a+j\omega)(s-j\omega)}-\frac{1}{(a-j\omega)(s+j\omega)}\right\}$$

となる．これをラプラス逆変換すると，

$$y(t) = \frac{a\omega}{(a^2+\omega^2)} e^{-at} + \frac{a}{2j}\left(\frac{e^{j\omega t}}{a+j\omega} - \frac{e^{-j\omega t}}{a-j\omega}\right) \qquad (3.15)$$

この第1項は $t=0$ で $\sin \omega t$ を加えたことにより生ずる過渡項であり，時間が十分大きくなるとゼロとなる．したがって，以後はこの項を除いて考えることにする．第2項は

$$y(t) = \frac{a}{2j(a^2+\omega^2)} \{(a-j\omega)e^{j\omega t} - (a+j\omega)e^{-j\omega t}\}$$

となる．ここでオイラーの公式 $[e^{jx} = \cos x + j \sin x]$ を使うと，

$$y(t) = \frac{a}{2j(a^2+\omega^2)} \{(a-j\omega)(\cos \omega t + j \sin \omega t)$$
$$\qquad - (a+j\omega)(\cos \omega t - j \sin \omega t)\}$$
$$= \frac{a}{a^2+\omega^2}(a \sin \omega t - \omega \cos \omega t)$$
$$= \frac{a}{\sqrt{a^2+\omega^2}}\left(\frac{a}{\sqrt{a^2+\omega^2}} \sin \omega t - \frac{\omega}{\sqrt{a^2+\omega^2}} \cos \omega t\right)$$

ここで，

$$\cos \phi = \frac{a}{\sqrt{a^2+\omega^2}}, \quad \sin \phi = \frac{-\omega}{\sqrt{a^2+\omega^2}}, \quad \text{すなわち}, \quad \tan \phi = \frac{-\omega}{a} \qquad (3.16)$$

とおくと，

$$y(t) = \frac{a}{\sqrt{a^2+\omega^2}}(\cos \phi \sin \omega t + \sin \phi \cos \omega t)$$
$$= \frac{a}{\sqrt{a^2+\omega^2}} \sin(\omega t + \phi) \qquad (3.17)$$

ここで，再び $a=1/T$ とおいて，元に戻すと，

$$y(t) = \frac{1}{\sqrt{1+\omega^2 T^2}} \sin(\omega t + \phi) \qquad (3.18)$$

となる．ϕ は (3.16) より，

$$\phi = -\tan^{-1} \omega T \qquad (3.19)$$

である．これらは (3.10)，(3.11) 式と一致する．

3.3 代表的要素

3.3.1 微分要素

現実の世界では純粋な微分要素は存在しないのであるが，それに非常に近いものはつくることができる．ここでは理想的な微分要素の特性を考察する．

その伝達関数は，

$$G(s)=s \tag{3.20}$$

である．$s=j\omega$ とおくと，

$$G(j\omega)=0+j\omega$$

であるから，(3.5), (3.6) 式により，

$$|G(j\omega)|=\omega \tag{3.21}$$

$$\angle G(j\omega)=\tan^{-1}(\omega/0)=\tan^{-1}\infty=\pi/2 \tag{3.22}$$

となる．つまり，**正弦波が微分要素を通ると，大きさは ω 倍になり，位相は ω とは無関係に $\pi/2$ だけ進む**．これは大変重要な性質であるので，その意味をいろいろな角度から吟味してみよう．

(1) 時間軸でみると

$$y=\sin \omega t \tag{3.23}$$

とすると，微分の公式から，

$$dy/dt=\omega \cos(\omega t)=\omega \sin(\omega t + \pi/2) \tag{3.24}$$

である．確かに，大きさは ω 倍になり，位相は $\pi/2$ だけ進んでいる．図 3.3(a) はこの様子を示している．

(2) ベクトルでみると

(3.23) 式の正弦波は大きさ 1，位相角 0 であるから，$Y=1$ なるベクトルで表される．これが微分要素を通った後は $Y_0=s\times 1=j\omega$ となる．これは，図 3.3(b) に示すように 90°左へ回転したベクトルであり，大きさが ω 倍になり，位相が $\pi/2$ だけ進んだベクトルを示す．

図 3.3 微分による正弦波の大きさと位相

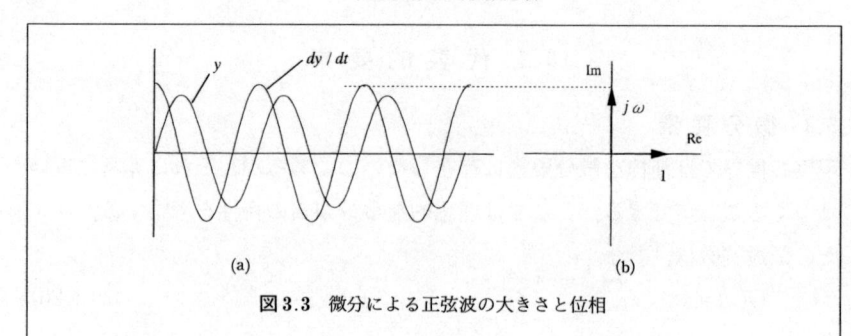

微分により正弦波の大きさは ω 倍になり，位相は ω に関係なく $\pi/2$ 進む．これは，ベクトルが $\pi/2$ 左へ回転することと等価である．

(3) s と $j\omega$

ラプラス変換で s を掛けることは微分することであった．ベクトルに $j\omega$ を掛けることもやはり微分の意味をもつ．

3.3.2 積分要素

次に積分要素を通るとどうなるであろうか．

積分要素の伝達関数は，
$$G(s)=1/s \tag{3.25}$$
である．再び，$s=j\omega$ とおくと，
$$G(j\omega)=1/(j\omega)=0-j/\omega$$
であるから，(3.5)，(3.6) 式により，
$$|G(j\omega)|=1/\omega \tag{3.26}$$
$$\angle G(j\omega)=-\tan^{-1}((1/\omega)/0)=-\tan^{-1}\infty=-\pi/2 \tag{3.27}$$

つまり，**積分要素を通ると，大きさは $1/\omega$ 倍になり，位相は $\pi/2$ だけ遅れる**．微分の場合と同様に，このことの意味を考えてみよう．

(1) 時間軸でみると
$$y=\sin \omega t \tag{3.28}$$
とすると，積分の公式から，
$$\int y\,dt=-(1/\omega)\cos(\omega t)=(1/\omega)\sin(\omega t-\pi/2) \tag{3.29}$$
である．積分要素を通ると大きさは $1/\omega$ 倍になり，位相は $\pi/2$ だけ遅れること

が理解できる．図3.4(a)はこの様子を示している．

(2) ベクトルでみると

微分の場合と同様に，(3.28)式の正弦波を $Y=1$ なるベクトルで表す．積分要素を通った後は $Y_0=1/s=1/j\omega=-j(1/\omega)$ となる．これは，図3.4(b)に示すように，ベクトルは90°右へ回転することになる．

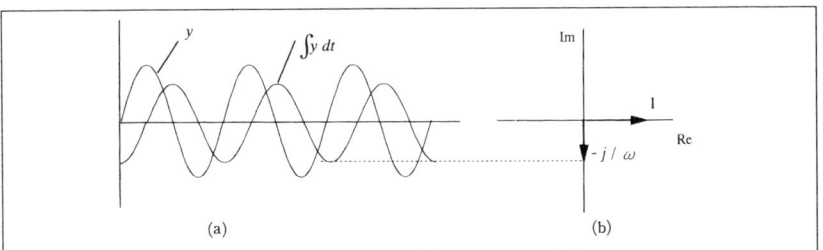

図3.4 積分による正弦波の大きさと位相

積分により正弦波の大きさは $1/\omega$ 倍になり，位相は ω に関係なく $\pi/2$ 遅れる．これは，ベクトルが $\pi/2$ 右へ回転することと等価である．

3.3.3　1次遅れ要素

1次遅れ要素は既に［例題3.1］で出てきた．

伝達関数が，

$$G(s)=\frac{1}{1+Ts} \tag{3.30}$$

で表されるとき，ゲインと位相差は (3.10)，(3.11) 式によれば，

$$|G(j\omega)|=\frac{1}{\sqrt{1+\omega^2 T^2}} \tag{3.31}$$

$$\angle G(j\omega)=-\tan^{-1}\omega T \tag{3.32}$$

であった．(3.31)，(3.32) 式から次のことが分かる．

角周波数 ω が大きくなると，ゲイン $|G(j\omega)|$ は小さくなっていく．位相は ω とともに遅れていくが，$\pi/2$ よりも遅れることはない．

3.3.4 進み／遅れ要素

ここでは，1次遅れ要素の分子に $1+T_b s$ が付加された場合を考える．これは**進み／遅れ要素**という．簡単のためゲインを1とすると，伝達関数は，

$$G(s) = \frac{1+T_b s}{1+T_a s} \tag{3.33}$$

で表される．例により，$s = j\omega$ とおくと，

$$G(j\omega) = \frac{1+j\omega T_b}{1+j\omega T_a} = \frac{(1+j\omega T_b)(1-j\omega T_a)}{(1+j\omega T_a)(1-j\omega T_a)} \tag{3.34}$$

$$= \frac{1+\omega^2 T_a T_b + j\omega(T_b - T_a)}{1+\omega^2 T_a^2} \tag{3.35}$$

したがって，実数部と虚数部は

$$\mathrm{Re}(j\omega) = \frac{1+\omega^2 T_a T_b}{1+\omega^2 T_a^2}, \quad \mathrm{Im}(j\omega) = \frac{\omega(T_b - T_a)}{1+\omega^2 T_a^2} \tag{3.36}$$

したがって，

$$|G(j\omega)| = \frac{\sqrt{1+\omega^2 T_b^2}}{\sqrt{1+\omega^2 T_a^2}} \tag{3.37}$$

$$\angle G(j\omega) = \tan^{-1} \frac{\omega(T_b - T_a)}{1+\omega^2 T_a T_b} \tag{3.38}$$

となる．したがって，

① $T_a < T_b$ のときは位相が進み，
② $T_a > T_b$ のときは位相が遅れる．

つまり，$T_a < T_b$ のときは分子の s の係数の方が大きいので，微分的要素が強く，位相が進む．反対に，$T_a > T_b$ のときは分母の s の係数の方が大きいので，積分的要素が強く，位相が遅れる．このように分母と分子の係数により，位相が進んだり遅れたりする．この要素に大きさ1のステップ入力が入ると出力は図3.5のようになる．初期値定理より

$$\lim_{s \to \infty} s \frac{1+T_b s}{1+T_a s} \frac{1}{s} = \frac{T_b}{T_a}$$

であるから，$t=0$ のときの値は T_b/T_a である．

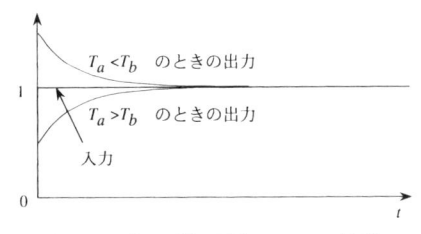

図3.5 進み／遅れ要素のステップ応答

3.3.5 むだ時間

$G(s)=e^{-Ls}$ で表されるむだ時間について考察する．むだ時間は制御のうえではいろいろ厄介な問題をもち込んでくる注意すべき要素である．

$s=j\omega$ とおくと，
$$G(s)=e^{-j\omega L} \tag{3.39}$$
となる．ここでオイラーの公式
$$e^{jx}=\cos x + j\sin x \tag{3.40}$$
を適用すると，
$$G(j\omega)=e^{-j\omega L}=\cos \omega L - j\sin \omega L \tag{3.41}$$
となる．したがって，
$$|G(j\omega)|=\sqrt{\cos^2 \omega L + \sin^2 \omega L}=1 \tag{3.42}$$
$$\angle G(j\omega)=-\tan^{-1}\frac{\sin \omega L}{\cos \omega L}=-\tan^{-1}\tan \omega L = -\omega L \tag{3.43}$$
となる．すなわち，

> むだ時間要素を通ると大きさは ω に関係なく一定であり，位相は ω に比例してどこまでも遅れる．

このように位相遅れが大きくなりやすいので，制御系内にむだ時間があると不安定になりやすい．

3.4 周波数応答の図式表現

3.4.1 ベクトル軌跡

周波数伝達関数を表すベクトルは角周波数 ω の関数となる．ω をパラメータとして $G(j\omega)$ をプロットしたものを**ベクトル軌跡**という．これは次の章で出て

くるナイキストの安定判別法において大変重要になる．

(1) 1次遅れ要素

3.2.3項で出てきた1次遅れ要素をもう一度取り上げ，そのベクトル軌跡を描いてみよう．

$$G(s)=\frac{k}{1+Ts} \tag{3.44}$$

において，$s=j\omega$ とおくと，

$$G(j\omega)=\frac{k}{1+j\omega T}=\frac{k}{1+\omega^2 T^2}-j\frac{k\omega T}{1+\omega^2 T^2} \tag{3.45}$$

ここで，

$$X=\frac{k}{1+\omega^2 T^2}, \qquad Y=-\frac{k\omega T}{1+\omega^2 T^2} \tag{3.46}$$

とおく．この第2式を第1式で割ると，$\omega T=-Y/X$ であるから，これを第1式に代入すると，

$$X=\frac{k}{1+(-Y/X)^2}=\frac{kX^2}{X^2+Y^2} \tag{3.47}$$

であるから，

$$(X-k/2)^2+Y^2=k^2/4 \tag{3.48}$$

となり，X，Y は中心が $(k/2, 0)$ で半径が $k/2$ の円の上にあることが分かる．

図3.6に $k=2$，$T=5$ のときのベクトル軌跡を示す．

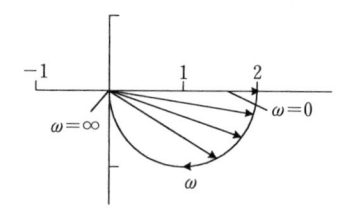

図3.6 1次遅れ要素のベクトル軌跡

(2) 高次遅れのベクトル軌跡

次数があがっていくとベクトル軌跡はどのように変化していくであろうか．図3.7に，$G(s)=2/(1+5s)^2$，$G(s)=2/(1+5s)^3$ のベクトル軌跡を示す．周波数の高いところで位相遅れが大きくなっていることを観測して頂きたい．

(a) $G(s)=2/(1+5s)^2$ (b) $G(s)=2/(1+5s)^3$

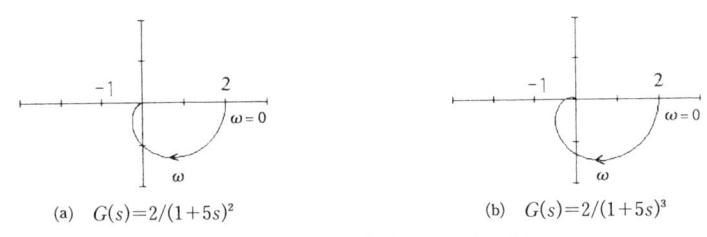

図 3.7　2 次および 3 次遅れのベクトル軌跡

(3) 1 次遅れプラスむだ時間のベクトル軌跡

次に，$G(s)=2e^{-5s}/(1+5s)$ のベクトル軌跡を図 3.8 に示す．むだ時間があるために，位相がぐるぐる廻っていることが分かる．2 次，3 次遅れの場合より遅れは大きくなる．このことがどう影響するかは次章で考察する．

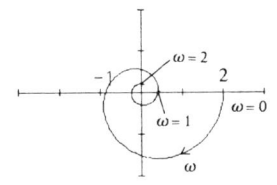

図 3.8　1 次遅れ＋むだ時間系のベクトル軌跡

3.4.2　ボード線図

1 次遅れ要素のゲインと位相遅れは (3.31)，(3.32) 式で表された．この関係を図で描いてみよう．ただし，広い範囲を表現するために，両対数グラフに描くことにする．そのためゲインとしてデシベル (dB) をとることにする．すなわち，縦軸は，

$$20 \log |G(j\omega)| \tag{3.49}$$

とする．一例を図 3.9 に示す．このようにゲインと位相差を図で表現したものを**ボード線図**という．

この図の特徴を観察してみよう．

(3.31) 式において ω が小さい所と大きい所に分けると，近似的に次のように書ける．

(1) $\omega T<1$ のとき $|G(j\omega)|\fallingdotseq 1$ 　　　　すなわち $K=0$ [dB]
(2) $\omega T>1$ のとき $|G(j\omega)|\fallingdotseq 1/(\omega T)$ 　すなわち $K=-20\log \omega T$ [dB]

$\omega T=1$ の点が境目になっており，その正しい値は $1/\sqrt{2}$ すなわち $-20\log \sqrt{2}$

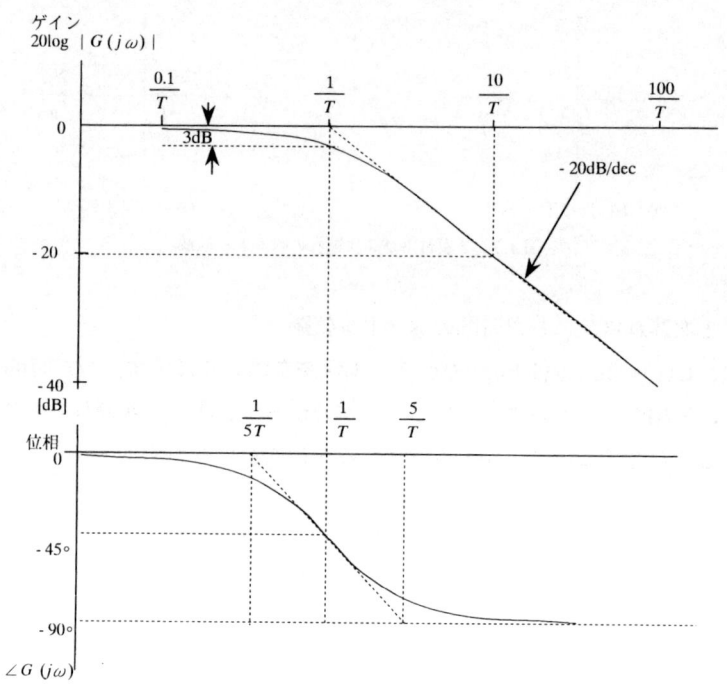

図 3.9　1次遅れ要素のボード線図

$\fallingdotseq -3\,[\mathrm{dB}]$ である．これらのことを考慮してゲイン曲線の特徴を近似して描くと図中の点線のように描くことができる．そして，$\omega T>1$ のところでは ω が 1

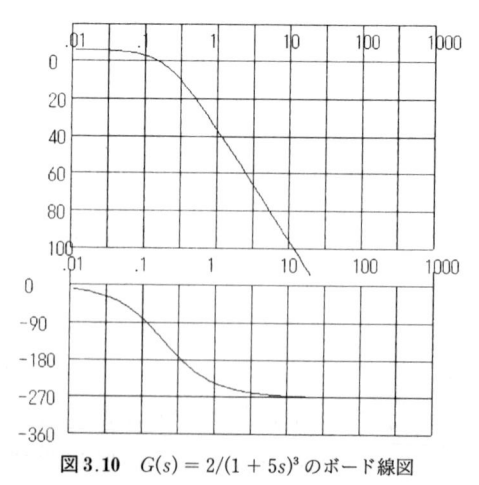

図 3.10　$G(s)=2/(1+5s)^3$ のボード線図

桁増えるごとに 20 dB ずつ下がっていくのが特徴である．

一方，位相遅れの方は $\omega T=1$ の点で $\tan^{-1}1=\pi/4(=45°)$ である．そして，ω と共に大きくなり，限りなく 90°に近づく．

次に，3 次系の例として，$G(s)=2/(1+5s)^3$ のボード線図を図 3.10 に示す．ゲインは 60 dB/dec の割合で下がり，位相は最高 270°まで遅れることを示している．（注：60 dB/dec とは周波数の 1 桁変化につきゲインが 60 dB 変化することをいう．）

一般に，**n 次系**では，ゲインは $n\times 20$ dB/dec の割合で下がり，位相は最高 $n\times 90°$ まで遅れる．

演 習 問 題

3.1 $u(t)=\sin 0.5t$ の正弦波が次の伝達関数を通過するとき，出力波形はどのようになるかその略図を示せ．

① $G(s)=\dfrac{1}{1+2s}$

② $G(s)=\dfrac{1}{s}$

③ $G(s)=e^{-\pi s}$

3.2 $u(t)=\sin 2\pi ft$ の正弦波が $G(s)=\dfrac{1}{1+10s}$ なるユニットを通るとする．周波数 $f=0.01$ および $f=2$ Hz における位相遅れを求めよ．

3.3 上記と同じ正弦波 $u(t)=\sin 2\pi ft$ が e^{-5s} なるユニットを通るとする．周波数 $f=0.01$ および $f=2$ Hz における位相遅れを求めよ．

3.4 $G(s)=\dfrac{1+20s}{1+10s}$ のユニットに大きさ 1 のステップ入力が入った．このとき出力の波形はどのようになるか，略図を描け．

4 安定性を調べる

フィードバック制御系の安定性はループ中の伝達関数から知ることができる．すなわち**特性方程式**の根の**実数部**が複素平面の**左半面**にあれば，その系は安定である．しかし，一般に特性方程式の根を求めることは容易ではない．そこで，**ベクトル軌跡**や**ボード線図**など特性方程式を直接解かないで安定性を調べる方法が提案されている．

4.1 特性根の位置と閉ループの応答

第1章でフィードバック系の安定性がたいへん重要であることを述べた．この章ではその問題をもう少し詳しく扱う．

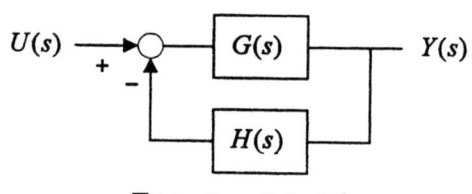

図 4.1 フィードバック系

図4.1のフィードバック系を考える．系の一巡伝達関数は $G(s)H(s)$ であり，閉ループの安定性や応答特性などに深く関与している．すなわち，次のようになる．

$$1+G(s)H(s)=0 \quad (4.1)$$

を**特性方程式**といい，その根を**特性根**という．

一般に特性根は複素数になり，複素平面上の点で表すことができる．

フィードバック系が安定であるためには特性根の実数部が負であること，すなわち，複素平面の左半面にあることが必要である．

4.1 特性根の位置と閉ループの応答

以下にこのことを例をあげて詳しく述べる．ただし，簡単のために $H(s)=1$ として話をすすめるが，そうでない場合も一巡伝達関数 $G(s)H(s)$ を改めて $G(s)$ とおいて考えれば，同様に扱うことができる．

［例題 4.1］

図 4.2 の伝達関数 $G(s)$ が

$$G(s)=\frac{1}{s(5+6s)} \tag{4.2}$$

で表されるとき，閉ループの安定性およびステップ応答について考察せよ．

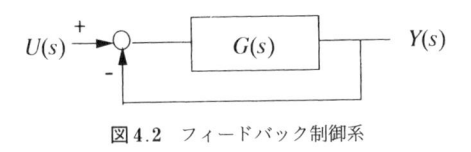

図 4.2　フィードバック制御系

［解答］

(1) 特性方程式

まず，特性根を求めてみよう．特性方程式は，

$$1+G(s)=1+\frac{1}{s(5+6s)}=\frac{1+5s+6s^2}{s(5+6s)}=\frac{(1+3s)(1+2s)}{s(5+6s)}=0 \tag{4.3}$$

であるから，これを解くと，特性根は

$$s=-(1/3) \quad \text{および} \quad s=-(1/2)$$

となる．したがって，上記の説明によれば特性根が負であるので，この系は安定である．

(2) ステップ応答

次にステップ応答から，このことを確かめてみよう．

入力 $U(s)$ と出力 $Y(s)$ の関係は次のように書ける．

$$Y(s)=\frac{G(s)}{1+G(s)}U(s)=\frac{\frac{1}{s(5+6s)}}{1+\frac{1}{s(5+6s)}}U(s)=\frac{1}{1+5s+6s^2}U(s) \tag{4.4}$$

分母は $(1+3s)(1+2s)$ と因数分解できるので (4.4) 式は，

$$Y(s)=\frac{1}{(1+3s)(1+2s)}U(s)=\frac{3}{1+3s}U(s)-\frac{2}{1+2s}U(s) \tag{4.5}$$

と部分分数に展開できる．そこで，入力を $U(s)=1/s$ とすると，

$$Y(s) = \frac{3}{(1+3s)s} - \frac{2}{(1+2s)s} \tag{4.6}$$

であるから，逆ラプラス変換すると

$$y(t) = 3(1 - e^{-(1/3)t}) - 2(1 - e^{-(1/2)t}) \tag{4.7}$$

となる．式中の $e^{-(1/3)t}$ および $e^{-(1/2)t}$ はべきのところの符号がマイナスであるから，時間 t が大きくなるとゼロに収束する．したがって，この系は安定であることが分かる．

べきのところにある $-1/3$ と $-1/2$ は特性方程式の根であるから，これがマイナスであれば系は安定であることが確かめられた．また，収束の速度も特性方程式の根で決まることが分かる．実際の応答を図 4.3 に示す．

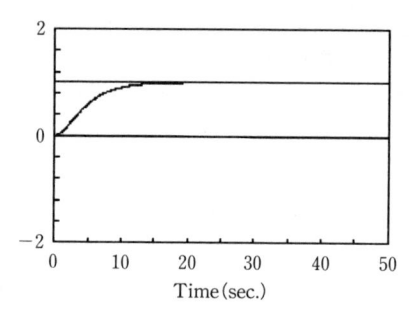

図 4.3　$y(t) = 3(1 - e^{-(1/3)t}) - 2(1 - e^{-(1/2)t})$ のグラフ

次に，応答が不安定になる例を示す．

[例題 4.2] ───────────────

ループ伝達関数が

$$G(s) = \frac{1}{s(1-6s)} \tag{4.8}$$

で表されるとき，閉ループの安定性およびステップ応答について考察せよ．

[解答]

(1) 特性方程式

まず，特性根を求める．特性方程式は，

$$1 + G(s) = 1 + \frac{1}{s(1-6s)} = \frac{1 + s - 6s^2}{s(1-6s)} = \frac{(1+3s)(1-2s)}{s(1-6s)} = 0 \tag{4.9}$$

であるから，これを解くと，特性根は，

4.1 特性根の位置と閉ループの応答

$$s = -(1/3) \quad \text{および} \quad s = 1/2$$

となる．したがって，特性根の1つが正であるのでこの系は不安定である．

(2) ステップ応答

次にステップ応答から，それを確かめてみよう．

入力 $U(s)$ と出力 $Y(s)$ の関係は次のように書ける．

$$Y(s) = \frac{\dfrac{1}{s(1-6s)}}{1+\dfrac{1}{s(1-6s)}} U(S) = \frac{1}{1+s-6s^2} U(s) \tag{4.10}$$

分母は $(1+3s)(1-2s)$ と因数分解できるので (4.10) 式は

$$Y(s) = \frac{1}{(1+3s)(1-2s)} U(s) = \frac{3/5}{1+3s} U(s) + \frac{2/5}{1-2s} U(s) \tag{4.11}$$

と部分分数に展開できる．そこで，入力を $U(s) = 1/s$ とおき，前と同様に逆ラプラス変換をすると，

$$y(t) = (3/5)(1-e^{-(1/3)t}) + (2/5)(1-e^{(1/2)t}) \tag{4.12}$$

となる．右辺の式の第2項をみると，$e^{(1/2)t}$ の部分は，時間とともに大きくなり，$y(t)$ は発散してしまう．べきのところに現れる 1/2 は特性方程式の根の1つであり，これが正であったからである．実際の応答を図 4.4 に示す．

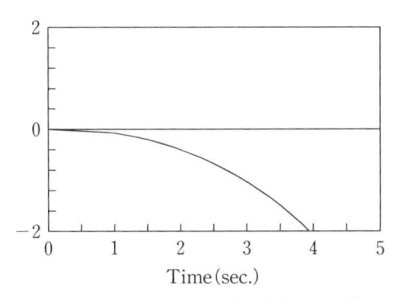

図 4.4 $y(t) = (3/5)(1-e^{-(1/3)t}) + (2/5)(1-e^{(1/2)t})$ のグラフ

以上をまとめると，例題 4.1, 4.2 から分かるように

閉ループの応答波形は e^{at} なる成分を含み，a のところには 特性方程式 $1+G(s)=0$ の根がくる．したがって，特性方程式の根が実数の場合，$a>0$ ならば発散し，$a<0$ ならば収束する．

4.2 2次系の特性根

上の2つの例では特性根の値が実数になった．しかし，一般的には，特性根は複素数になる．この場合は応答に振動が現れる．

[例題 4.3] ─────────────

開ループ伝達関数が

$$G(s) = \frac{k}{s(s+a)} \tag{4.13}$$

で表されるとき，閉ループの安定性およびステップ応答について考察せよ．

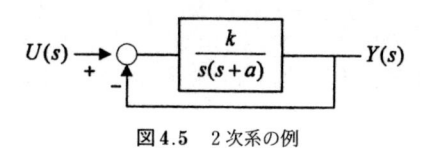

図4.5 2次系の例

[解答]

$$1 + G(s) = 1 + \frac{k}{s(s+a)} = \frac{s^2 + as + k}{s(s+a)} = 0 \tag{4.14}$$

が特性方程式であるから，特性根は，

$$s^2 + as + k = 0 \tag{4.15}$$

から求まる．

これらを s_1, s_2 とすると，

$$s_1, \; s_2 = -\frac{a}{2} \pm \frac{\sqrt{a^2 - 4k}}{2} \tag{4.16}$$

となり，係数により3つの場合に分けられる．

① $a^2 < 4k$ のとき　　共役複素根をもつ
② $a^2 = 4k$ のとき　　重根をもつ
③ $a^2 > 4k$ のとき　　2つの実根をもつ

以下にこの3つの場合に分けて応答を考える．

① $a^2 < 4k$ のとき

平方根のなかがマイナスであるので，特性根は1対の共役複素数になる．すなわち，

4.2 2次系の特性根

$$s_1,\ s_2 = -\frac{a}{2} \pm j\frac{\sqrt{4k-a^2}}{2} \tag{4.17}$$

となる．ここで，簡単のため，

$$\sigma = -\frac{a}{2}, \qquad \alpha = \frac{\sqrt{4k-a^2}}{2} \tag{4.18}$$

とおくと，これらは $\sigma \pm j\alpha$ と書くことができる．すなわち，

$$s^2 + as + k = \{s-(\sigma+j\alpha)\}\{s-(\sigma-j\alpha)\} \tag{4.19}$$

である．$U(s) = 1/s$ とおくと，ステップ応答は次のようになる．

$$Y(s) = \frac{G(s)}{1+G(s)} U(s) = \frac{\dfrac{k}{s(s+a)}}{1+\dfrac{k}{s(s+a)}} \frac{1}{s} = \frac{k}{s^2+as+k} \frac{1}{s}$$

$$= \frac{k}{s\{s-(\sigma+j\alpha)\}\{s-(\sigma-j\alpha)\}} \tag{4.20}$$

これを部分分数に展開し，ラプラス逆変換をすると，ステップ応答は次のようになる．

$$y(t) = 1 - \frac{\sqrt{\sigma^2+\alpha^2}}{\alpha} e^{\sigma t} \sin(\alpha t + \phi) \tag{4.21}$$

ただし，$\tan \phi = -\dfrac{\alpha}{\sigma}$

この式の誘導は少し複雑であるので，本章の終わりに付録として記述し，ここでは結論だけを述べた．興味のある読者は付録の方で確かめられたい．

(4.21) 式には $e^{\sigma t}$ なる項がある．したがって，

$\sigma < 0$ ならば，第2項は振動しながら収束する

$\sigma = 0$ ならば，第2項は振動が持続する

$\sigma > 0$ ならば，第2項は振動しながら発散する

ことがわかる．したがって，応答が収束するためには $\sigma < 0$ すなわち根の実数部は負でなければならない．

図 4.6(a) は $\sigma < 0$ の場合の例である．同図(b) は $\sigma > 0$ の場合の例である．

$\sigma,\ \alpha$ の値と応答の関係

ここで，特性根の位置と応答の関係について述べる．

(4.21) 式から分かるように $e^{\sigma t}$ は σ の絶対値が大きいほど応答の速度が速く

(a) $\sigma<0$ の場合　　(b) $\sigma>0$ の場合

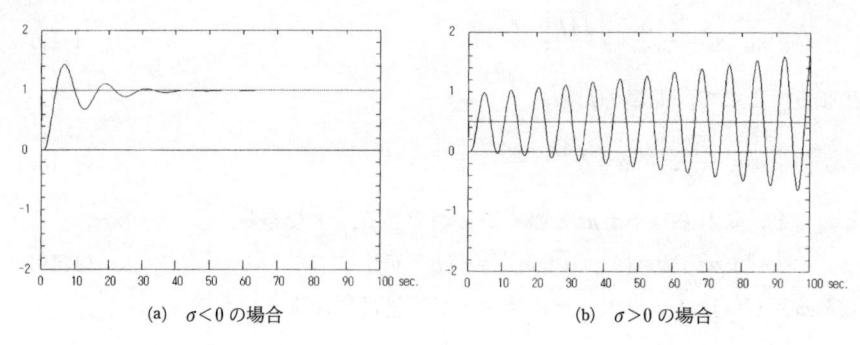

図 4.6　(4.21) 式の応答

なる．また，(4.21) 式の $\sin at$ の項から分かるように，a が大きくなるほど振動は速くなる．

② $a^2=4k$ のとき

この場合は重根 s_n をもち，$s^2+as+k=(s-s_n)^2$ となるので，ステップ応答は次のようになる．

$$Y(s)=\frac{G(s)}{1+G(s)}U(s)=\frac{\frac{k}{s(s+a)}}{1+\frac{k}{s(s+a)}}\frac{1}{s}=\frac{k}{s^2+as+k}\frac{1}{s}=\frac{k}{s(s-s_n)^2}$$

$$=\frac{k}{s_n^2}\left\{\frac{1}{s}-\frac{1}{s-s_n}+\frac{s_n}{(s-s_n)^2}\right\} \tag{4.22}$$

重根をもつ場合は $a^2-4k=0$ であるから，$s_n^2=k$ となる．このことを考慮しながら，ラプラス逆変換をすると次のようになる．

$$y(t)=1-e^{s_nt}+e^{s_nt}s_nt \tag{4.23}$$

したがって，安定であるためには $s_n<0$ でなければならない．

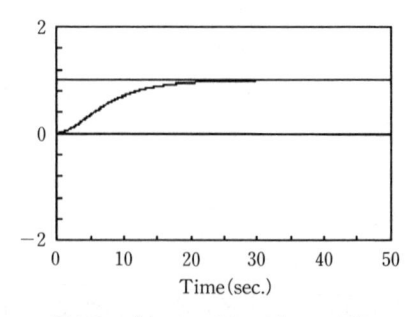

図 4.7　$y(t)=1-e^{s_nt}+e^{s_nt}s_nt$ の応答

安定な場合の応答例を図 4.7 に示す.

③ $a_1^2 > 4k$ のとき

この場合は 2 つの実根をもつ. それらを s_1, s_2 とすると $s^2 + as + k = (s - s_1)(s - s_2)$ であるから, 応答は,

$$Y(s) = \frac{G(s)}{1 + G(s)} U(s) = \frac{\frac{k}{s(s+a)}}{1 + \frac{k}{s(s+a)}} \frac{1}{s}$$

$$= \frac{k}{s^2 + as + k} \frac{1}{s} = \frac{k}{s(s - s_1)(s - s_2)} \tag{4.24}$$

部分分数に展開すると,

$$\frac{k}{s(s - s_1)(s - s_2)} = \frac{k}{s_1 s_2} \left(\frac{1}{s} + \frac{s_2}{s_1 - s_2} \frac{1}{s - s_1} - \frac{s_1}{s_1 - s_2} \frac{1}{s - s_2} \right) \tag{4.25}$$

である. 2 つの実根をもつ場合は $s_1 s_2 = k$ であるから, このことを考慮して, ラプラス逆変換すると,

$$y(t) = 1 + \frac{1}{s_1 - s_2} (s_2 e^{s_1 t} - s_1 e^{s_2 t}) \tag{4.26}$$

となる. この式からも明らかなように $y(t)$ が収束するためには $s_1 < 0$, $s_2 < 0$ でなければならない. 図 4.8(a) は s_1, s_2 がともに負の場合の応答例である. (b) は一方が正の場合であり, このように発散してしまう.

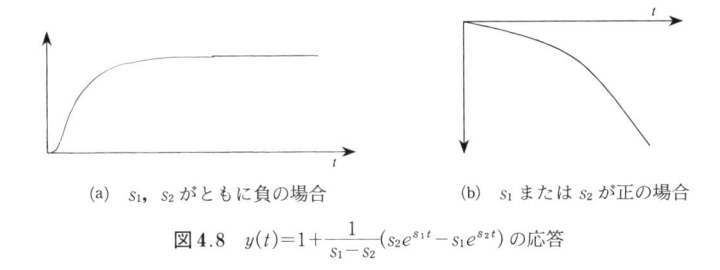

(a) s_1, s_2 がともに負の場合　　(b) s_1 または s_2 が正の場合

図 4.8　$y(t) = 1 + \frac{1}{s_1 - s_2}(s_2 e^{s_1 t} - s_1 e^{s_2 t})$ の応答

以上のことをまとめると次のようになる.

> フィードバック系が安定であるためには特性根の実数部が負でなければならない. すなわち, 特性根は複素平面の左半面になければならない.

まとめとして, 図 4.9 に特性根の位置とステップ応答の関係を示す.

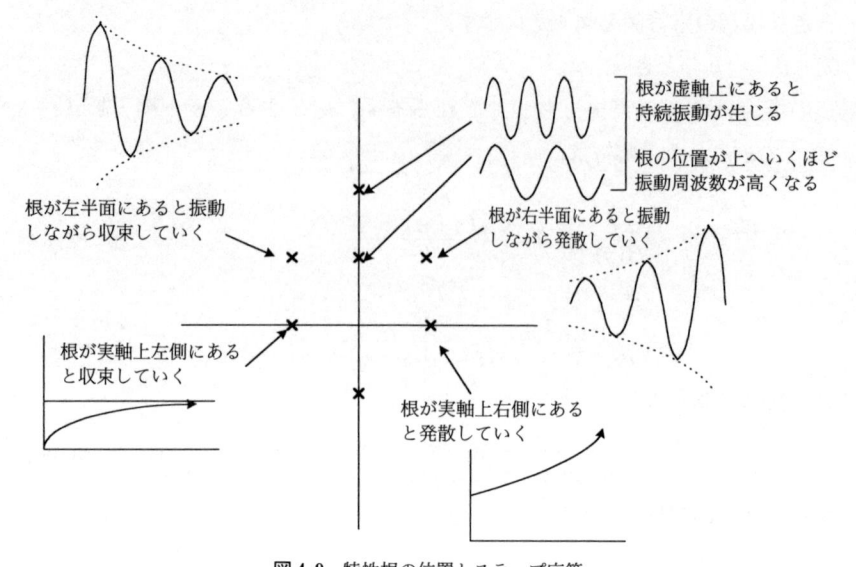

図 4.9 特性根の位置とステップ応答

4.3 ナイキストの安定判別法

特性方程式

$$1+G(s)=0$$

の根の位置により系の安定性が決まることが分かった．しかし，実際は特性方程式を解くことは困難な場合が多い．そこで，特性方程式を解かなくても，安定性が分かる方法があれば好都合である．

ナイキストの安定判別法はその1つで，特性根が s 平面の左右どちらにあるか図式的に判別するものである．一般的なナイキストの安定判別法は複雑であるが，われわれが通常出会う問題は次の狭義のナイキストの安定判別法でほぼ間に合う．それを次に示す．

―――［ナイキストの安定判別法］―――
　　開ループ伝達関数 $G(s)$ において $s=j\omega$ とおき，$\omega=0\sim\infty$ に変化させたとき，ベクトル軌跡が $-1+j0$ の点を左にみて描かれるならばこのフィードバック系は漸近安定である．

漸近安定というのは時間とともにゼロに減衰していくことをいう．

図 4.10 (a), (b) に安定な場合のベクトル軌跡の例を示す. (a) は 2 次遅れ要素の場合であり, (b) は 1 次遅れにむだ時間が加わった場合であるが, ともにベクトル軌跡が $-1+j0$ の点を左にみて描かれているであるので安定である. これに対し図 4.11 (a), (b) は不安定の場合のベクトル軌跡の例である. これも 1 次遅れにむだ時間が加わった場合であるが, (a) ではむだ時間が大きくなり, (b) ではゲインが大きくなったので, ベクトル軌跡が $-1+j0$ の点を右にみるようになってしまった.

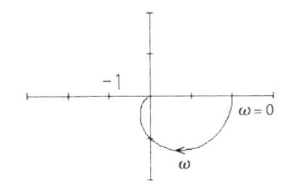

(a) 2 次遅れ $G(s)=\dfrac{2}{(1+5s)^2}$ (b) 1 次遅れ＋むだ時間 $G(s)=\dfrac{2e^{-3s}}{1+5s}$

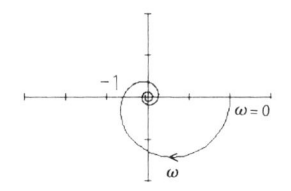

図 4.10　安定な場合のベクトル軌跡

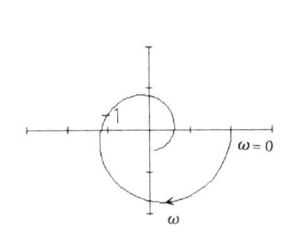

(a) 1 次遅れ＋むだ時間 $G(s)=\dfrac{2e^{-8s}}{1+5s}$ (b) 1 次遅れ＋むだ時間 $G(s)=\dfrac{4e^{-3s}}{1+5s}$

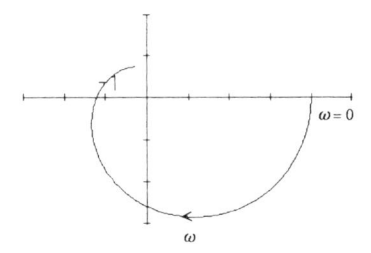

図 4.11　不安定な場合のベクトル軌跡

4.4　ナイキストの判別法の意味

4.2 節では「フィードバック系が安定であるためには特性根は複素平面の左半面になければならない」ことを学んだ. 一方, ナイキストの判別法では「フィードバック系が安定であるためには, 開ループ伝達関数 $G(s)$ において $s=j\omega$ とおき, $\omega=0\sim\infty$ に変化させたときベクトル軌跡が $-1+j0$ の点を左にみて描かれなければならない」と述べている. 両者にはどういう関係があるのだろうか. この節では 2 つの表現の関係をさぐることにする.

その準備として**写像**ということを考えよう．写像とはある規則にもとづいて平面上の点を別の点へ移すことをいう．

[例題 4.4]

複素平面上の点 $s=\sigma+j\omega$ を $G(s)=\dfrac{5}{1+5s}$ なる関数を通して別の複素平面上に写像するとどうなるか．

[解答] もとの平面を「s 平面」，$G(s)$ によって写像された平面を「$G(s)$ 平面」と呼ぶことにする．$s=\sigma+j\omega$ を $G(s)=\dfrac{5}{1+5s}$ へ代入すると，

$$G(s)=\frac{5}{1+5(\sigma+j\omega)}=\frac{5}{1+5\sigma+j5\omega}$$
$$=\frac{5+25\sigma}{(1+5\sigma)^2+5^2\omega^2}-j\frac{25\omega}{(1+5\sigma)^2+5^2\omega^2} \tag{4.27}$$

である．これにより s 平面から $G(s)$ 平面に写像することができる．たとえば s 平面の原点 $0+j0$ は $\sigma=0$, $\omega=0$ とおくと

$$G(s)=\frac{5+0}{(1+0)^2+0}-j\frac{0}{(1+0)^2+0} \tag{4.28}$$

であるから，$5+j0$ すなわち実軸上の $+5$ の点に写像される．同様に色々な点を写像すると，図 4.12 の直線 AB は曲線 A′B′ に写像される．

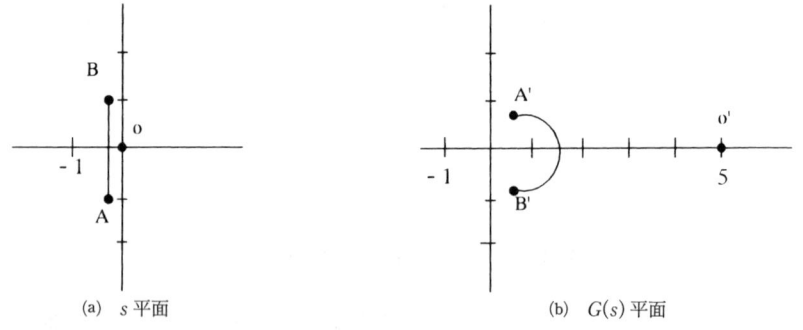

(a) s 平面　　　　　　　　　(b) $G(s)$ 平面

図 4.12　直線 AB は曲線 A′B′ に写像される

[例題 4.5]

複素平面の虚軸上の点 $s=\sigma+j\omega$ ($\omega=0\sim\infty$ および $\omega=0\sim-\infty$) を $G(s)=\dfrac{k}{1+Ts}$ 平面上に写像せよ．

4.4 ナイキストの判別法の意味

[解答] 虚軸上の点は $\sigma=0$ であるから，$s=j\omega$ とおいて，上式に代入すると

$$G(s)=\frac{k}{1+Ts}=\frac{k}{1+j\omega T} \tag{4.29}$$

これは第3章の (3.45) 式と一致するので，半径 $k/2$ の円上にあることが分かる．

原点 ($\omega=0$) は (4.30) 式から分かるように $k+j0$ に写像される．$\omega\to\infty$ としていくと図 4.13 の実線のように下側の半円になる．したがって，第3章で描いたベクトル軌跡は，虚軸上で $\omega=0\sim\infty$ とした写像であると考えることができる．

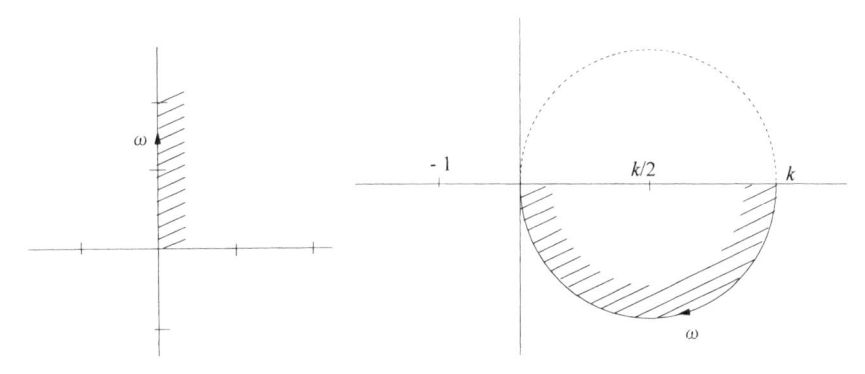

図 4.13　虚軸上半分の $G(s)=\dfrac{k}{1+Ts}$ 平面上への写像

[例題 4.6] ─────────────────────

$G(s)=\dfrac{k}{1+Ts}$ のとき $G(s)=-1$ の点に写像される点は s 平面の左右いずれの半面に存在するか．

────────────────────────────

[解答] まず，s 平面上の右半面は図 4.12 のどこへ写像されるか考えてみよう．虚軸は s 平面の右半面と左半面を分ける境界線である．したがって，s 平面の右半面にある点は円の内部か外部かどちらかに写像される筈である．

そこで，右半面にある点 $s=1+j0$ がどこに写像されるか調べる．(4.30) 式で $s=1$ とおくと，

$$G(s)=\frac{k}{1+T} \tag{4.30}$$

であるから，$k/(1+T)$ なる点，すなわち円内の点に写像されることが分かる．

したがって，s平面上の右半面は図4.12の円内に写像される．

ところで，$G(s)=-1$の点は円の外にあるので，s平面の左半面のどこかの点が対応していることが分かる．

ようやく，本題に近づいてきた．特性方程式

$$1+G(s)=0 \tag{4.31}$$

の根を求めることは，(4.32)式を満足するsを求めることであった．

すなわち，**特性方程式の根を求めることは $G(s)=-1$ の点に写像される s 平面上の点を求めることである**．

この例では$G(s)=-1$に対応する点が左半面のどこかにあることが分かったので，この系は安定である．

つまり，ナイキスト安定判別法はs平面の虚軸を$G(s)$平面に写像し，特性方程式を満足する点がs平面の左右いずれにあるか判別する方法である．

[例題 4.7]

一巡伝達関数が，

$$G(s) \frac{2e^{-8s}}{1+5s} \tag{4.32}$$

で表される閉ループ系の安定性を考察せよ．

[解答] ベクトル軌跡は図4.14のようになる．前の例と同様に斜線の部分がs平面の右半面に対応している．これは$G(s)$平面の$-1+j0$の点を内部に含んでいるので，$G(s)=-1$を満足する点が右半面のどこかにある．したがって，この系は**不安定**である．

以上がナイキストの安定判別法の意味である．

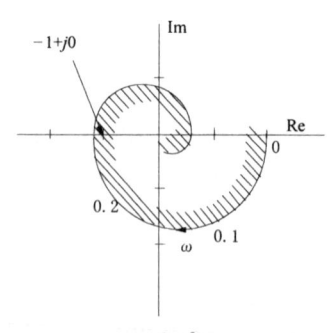

図4.14　$G(s)=\dfrac{2e^{-8s}}{1+5s}$ ベクトル軌跡

図4.14では $\omega=0\sim\infty$ についてのみ描き，$0\sim-\infty$ については描かなかった．しかし，ω が正の場合と負の場合は実軸に対して対称であるので，正の場合のみ描けばよい．

ここで，ベクトル線図がちょうど「-1」の点を通る場合について若干の補足をしておく．

この場合は特性根が虚軸上にあることが分かる．すなわち応答は持続振動になる．ベクトルが $-1+j0$ の点にあるということは，この ω において「ベクトルの大きさが1で位相が180°になる」．これは第1章で述べてきたことと一致する．

つまり，$s=j\omega$ とおき ω をずっと変えていったとき，ある値において

$$|G(j\omega)|=1, \angle G(j\omega)=-180°$$

がなりたつならばその ω で持続振動が生ずるということの意味も特性方程式の根という観点から明らかになった．

4.5 ゲイン余裕と位相余裕

ある ω の点で振動的になるということは，ベクトル軌跡が図4.15の軌跡Aのように $-1+0$ の点を通ることである．これに対し安定な場合は軌跡Bのようになっている．すなわち，

- ゲインが1となる点では位相遅れは180°より小さく，
- 位相遅れが180°となる点ではゲインが1より小さい．

ところが，何らかの理由でゲインが上がったり，位相が遅れたりすると不安定

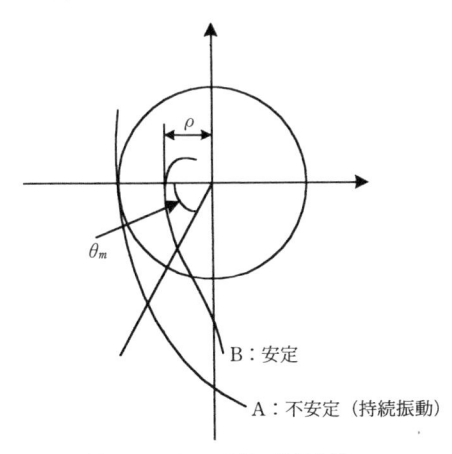

図4.15 ゲイン余裕と位相余裕

になるかもしれない．そこで，図 4.15 に示すように，位相遅れが 180°のとき，ゲイン 1 との差が大きければより安定である．すなわち，図の ρ が小さいほど安定である．

$g_m = -20 \log \rho$ [dB] を**ゲイン余裕**といい，ゲインが 1 のとき，位相遅れ 180°との差 θ_m を**位相余裕**という．不安定になるまでに，ゲインと位相がどれだけ余裕があるか示す尺度である．

ゲイン余裕と位相余裕はボード線図の上でも表すことができる．図 4.16 の A 点は位相が 180°の点であり，B 点はゲインが 1 の点を示している．もし，系が安定ならばゲインが 1 より大きい所では位相遅れは 180°より小さく，位相遅れが 180°より大きいところではゲインが 1 より小さい．

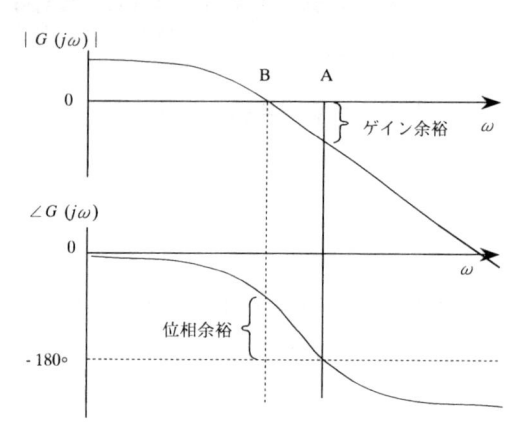

図 4.16 ボード線図上でのゲイン余裕と位相余裕

本章のまとめとして，図 4.17 に示す制御系で応答曲線，ボード線図，ナイキスト線図を比較したものを示す．

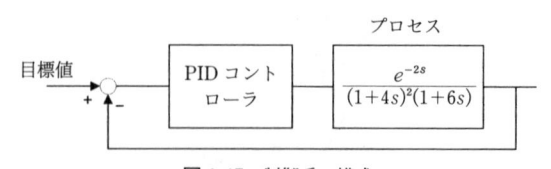

図 4.17 制御系の構成

$$G(s) = \frac{e^{-2s}}{(1+4s)^2 1+6s)}$$

なる伝達関数をもつプロセスを，後に説明する PID

4.5 ゲイン余裕と位相余裕

コントローラのパラメータを変化させてシミュレーションしたものである．図 4.18 は安定な応答を示している．これをナイキスト線図でみると，ベクトル軌跡は「−1」の点から十分離れており，位相余裕もゲイン余裕も十分あることが分かる．

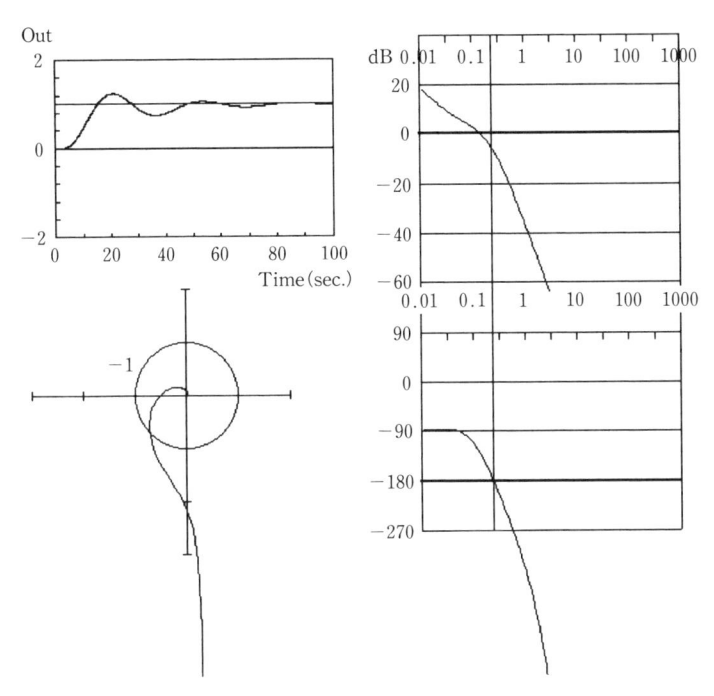

図 4.18 応答曲線，ボード線図，ナイキスト線図の比較（安定な場合）

コントローラのゲインをあげていくと，図 4.19 のように振動が持続するようになる．このときナイキスト線図ではベクトル軌跡が「−1」の点を通っている．ボード線図をみると，位相が 180°遅れる点でゲインが 0 dB になっていることが分かる．

さらにゲインをあげていくと，図 4.20 のように発散してしまう．このときナイキスト線図ではベクトル軌跡が「−1」の点のわずかに左を通っている．ボード線図をみると(b)との差はほとんど読み取れないが，詳しい図を描けば位相が 180°遅れる点でゲインが 0 dB より大きくなっているはずである．

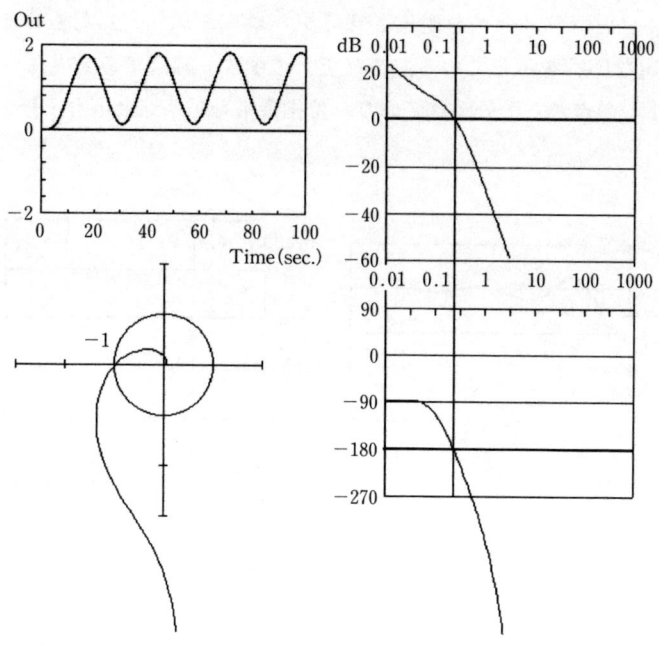

図 4.19 応答曲線，ボード線図，ナイキスト線図の比較（持続振動が発生している場合）

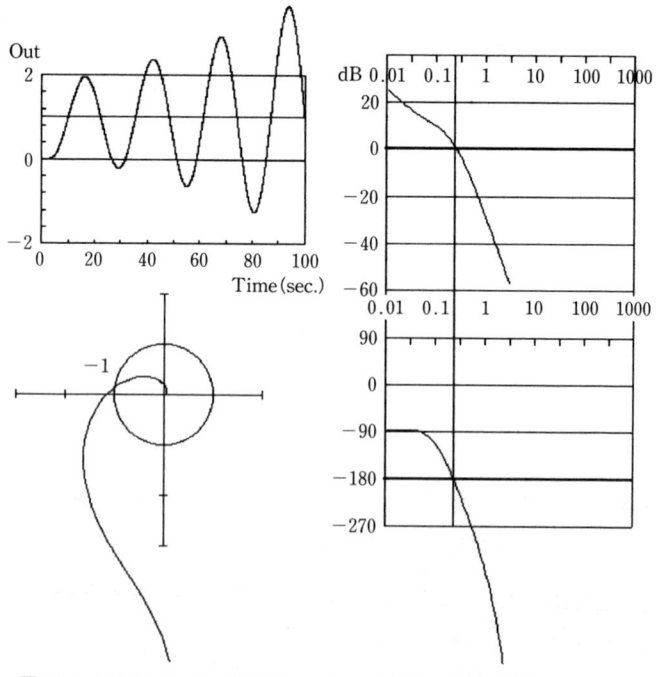

図 4.20 応答曲線，ボード線図，ナイキスト線図の比較（発散する場合）

4.5 ゲイン余裕と位相余裕

[付録]

(4.21) 式の誘導

$a^2 < 4k$ のとき

$$\sigma = -\frac{a}{2}, \quad \alpha = \frac{\sqrt{4k-a^2}}{2}$$

とおくと 2 つの共役複素根は $\sigma \pm j\alpha$ と書ける．このとき，ステップ応答は次のようになる．

$$Y(s) = \frac{G(s)}{1+G(s)} U(s) = \frac{k}{s\{s-(\sigma+j\alpha)\}\{s-(\sigma-j\alpha)\}}$$

部分分数に展開すると，

$$\frac{k}{s\{s-(\sigma+j\alpha)\}\{s-(\sigma-j\alpha)\}}$$
$$= \frac{k}{\sigma^2+\alpha^2}\left\{\frac{1}{s} + \frac{1}{2j\alpha}\frac{\sigma-j\alpha}{s-(\sigma+j\alpha)} - \frac{1}{2j\alpha}\frac{\sigma+j\alpha}{s-(\sigma-j\alpha)}\right\}$$

$\sigma^2 + \alpha^2 = k$ であることを考慮しながら，ラプラス逆変換をすると，

$$y(t) = 1 + \frac{(\sigma-j\alpha)}{2j\alpha}e^{(\sigma+j\alpha)t} - \frac{(\sigma+j\alpha)}{2j\alpha}e^{(\sigma-j\alpha)t}$$
$$= 1 + \frac{e^{\sigma t}}{2j\alpha}\{(\sigma-j\alpha)e^{j\alpha t} - (\sigma+j\alpha)e^{-j\alpha t}\}$$
$$= 1 + \frac{e^{\sigma t}}{2j\alpha}\{(\sigma-j\alpha)(\cos\alpha t + j\sin\alpha t) - (\sigma+j\alpha)(\cos\alpha t - j\sin\alpha t)\}$$
$$= 1 + \frac{e^{\sigma t}}{\alpha}\{\sigma\sin\alpha t - \alpha\cos\alpha t\}$$
$$= 1 + \frac{\sqrt{\sigma^2+\alpha^2}}{\alpha}e^{\sigma t}\left(\frac{\sigma}{\sqrt{\sigma^2+\alpha^2}}\sin\alpha t - \frac{\alpha}{\sqrt{\sigma^2+\alpha^2}}\cos\alpha t\right)$$

ここで，

$$\cos\phi = \frac{-\sigma}{\sqrt{\sigma^2+\alpha^2}}, \quad \sin\phi = \frac{\alpha}{\sqrt{\sigma^2+\alpha^2}}$$

とおくと，

$$y(t) = 1 - \frac{\sqrt{\sigma^2+\alpha^2}}{\alpha}e^{\sigma t}\sin(\alpha t + \phi)$$

ただし，$\tan\phi = -\frac{\alpha}{\sigma}$ である．

演習問題

4.1 図 E 4.1 のシステムで伝達関数 $G(s)$ が次の場合について特性根を求め，系の安定性を調べよ．

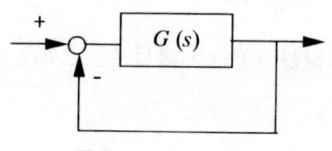

図 E 4.1 閉ループ系

① $G(s)=\dfrac{5}{1+10s}$　　② $G(s)=\dfrac{2}{(1+8s)(1+5s)}$

③ $G(s)=\dfrac{2}{(1+8s)(1-5s)}$

4.2 次の伝達関数のベクトル図を描き，閉ループの安定性を判定せよ．

$$G(s)=\frac{4e^{-3s}}{1+5s}$$

4.3 次の伝達関数のボード線図を描き，閉ループの安定性を判定せよ．

① $G(s)=\dfrac{3}{(1+4s)(1+5s)(1+8s)}$　　② $G(s)=\dfrac{2e^{-2s}}{(1+2s)(1+4s)(1+5s)}$

4.4 図 E 4.2 のボード線図で表される系のゲイン余裕，位相余裕はどれだけか．

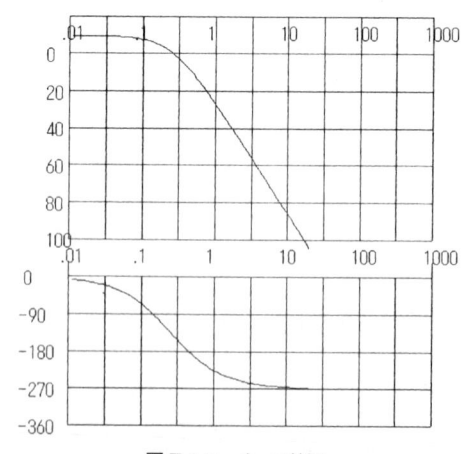

図 E 4.2 ボード線図

5 PID 制御の基本形

　　PID 制御は最も広く使われている制御方式である．設定値と測定値の偏差に比例，積分，微分の演算を行う．これを**比例動作，積分動作，微分動作**という．コントローラはこの 3 動作によって得られる値を組み合わせて出力とする．比例動作だけで制御すると，設定値の変更や外乱に対し**オフセット**が残るが，積分動作を加えることによりこれを取り去ることができる．微分動作は応答特性を改善するのに役立つ．

5.1　オン・オフ制御と PID 制御

　PID 制御を考える前に最も簡単な制御方法であるオン・オフ制御を考えよう．図 5.1 において装置内の温度を 50°C 一定に保ちたいというとき，われわれはどのようにするであろうか．図の調節計にはどのような機能をもたせればよいだろうか．これが与えられた問題の出発点である．

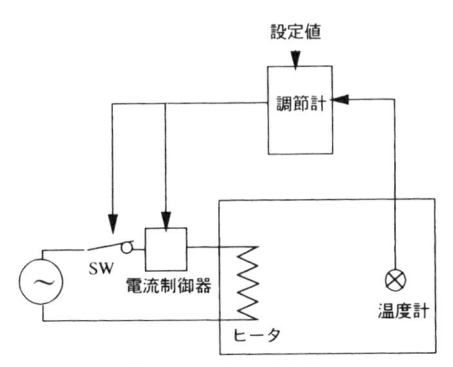

図 5.1　装置の温度制御

最も簡単なやり方は，たとえば 48～52°C と温度幅を設けておき，
① 温度が 48°C より下がったらスイッチ SW をオンにし，
② 温度が 52°C より上がったらスイッチ SW をオフにする．

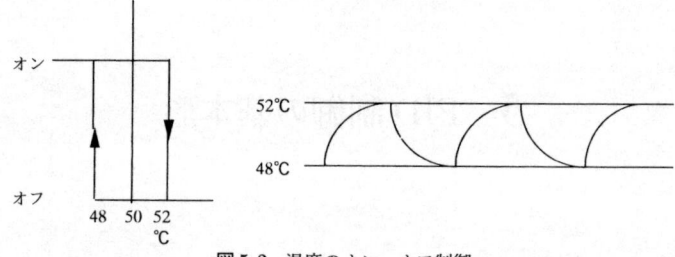

図 5.2　温度のオン・オフ制御

　このような制御の仕方を**オン・オフ制御**という．この方法の利点は調節計が簡単であるので実現が容易であり，コストもかからないことである．したがって家庭の電気ごたつなどに使われている．反面，図 5.2 に示されるように，温度は小さな幅で常に変動している．こたつの温度制御ではこの程度の変動は問題にならない．しかし，工場での生産プロセスにおいてはこのような変動は好ましくない場合が多い．そこで考えられるのは，スイッチ SW はオンにしておいて，電流を連続的に変えて制御する方法である．

　そこで，問題になるのが次のことである．

> 　目標値は 50℃ であるが，いま測定したら 45℃ であった．電流をどの方向にどれだけ変えればよいか？

この問いに 1 つの答えを与えたのが PID 制御である．その答えはこうである．

> 　目標値と測定値の偏差を求め，
> 　① 偏差に比例した項と
> 　② 偏差を時間で積分した項と
> 　③ 偏差を時間で微分した項に
> 適当な重みを掛けて組み合わせたものを電流の強さとする．

図 5.3 に温度の PID 制御系を示す．

　いま，PID 制御といえば，プロセス制御では当たり前になっているが，ここには先人の知恵が詰まっている．なぜ偏差を時間で積分したものを使うのだろうか．なぜ偏差の微分を使うのだろうか．本章ではそういうことを 1 つ 1 つ考えてみたい．

　まず言葉の定義からはじめると，偏差に比例した出力を出す動作を**比例動作**

5.1 オン・オフ制御と PID 制御

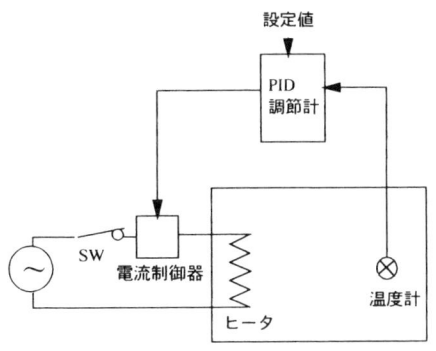

図5.3 温度の PID 制御

（**P動作**，proportional control action），偏差の時間積分に比例した出力を出す動作を**積分動作**（**I動作**，integral control action），偏差の時間的変化率に比例した出力を出す動作を**微分動作**（**D動作**，derivative control action）という．そしてこの3動作を行う制御方式を **PID 制御**という．

英語名では action という言葉を使ったが，それぞれの動きを動作モードと考えて，proportional mode, integral mode, derivative mode といういい方もある．

上では3つの動作を組み合わせると述べたが，常に3動作を全部使うとは限らない．たとえば，流量制御ではP動作とI動作だけを使うPI制御が普通である．一方，温度制御では微分動作が不可欠であり，3動作を全部使うのが普通である．

PID制御はアナログ計装の時代に始まりディジタル計装に受け継がれてきた．ハードウェアはどんどん変化しているが，このPID制御の制御方式はずっと変わらず，現在も使われ続けている．後に述べるように，いくつかの変形や改良がなされているが，基本は変わっていない．PID制御が使われ続けているのは，次のような優れた特長をもっているからである．

① 機能の完備性
② 理論解析性
③ 簡易性
④ 現場性

第1に，PID制御には，現在の偏差に比例した修正動作を行う機能（P動作），過去の偏差を積算保持しオフセットを取り除く機能（I動作），将来の動き

を予測する機能（D動作）が含まれている．つまり，過去，現在，未来に関する情報を含んでいるということである．これを（機能の）完備性と呼ぶことにする．

第2に，PID制御はコントローラが線形であり，その動作を理論的に説明できる．ファジィ制御やニューラルネットワークを使用した制御では理論的解析が困難であるので，安定性の解析などが不十分である．これに対してPID制御はPIDパラメータの影響，プロセス特性の変化に対する安定性の解析などが理論的に行える．これを理論解析性と呼ぶことにする．

第3に，PID制御は構造が簡単であり，かつ，PIDパラメータの影響が定性的に理解しやすい．理論的であり，かつ理解しやすいということは非常に重要なことである．これを簡易性と呼ぶことにする．

第4に，PID制御はプラントに設置してからPIDパラメータを調整することが容易である．これを現場性と呼ぶことにする．制御系の導入にあたり，プロセスの特性を前もって正確に把握することは困難である．したがって，設置後パラメータを調整しなおす作業はどうしても必要である．この現場性ということは制御系にとって重要な条件である．

5.2 PID制御の基本形

PID制御は，上に述べたようにP動作，I動作，D動作を組み合わせてフィードバック制御を行う．制御偏差を$e(t)$とすると制御出力$m(t)$は次の演算により出力される．

$$m(t) = \frac{100}{PB}\left(e(t) + \frac{1}{T_I}\int e(t)dt + T_D\frac{de(t)}{dt}\right) \quad (5.1)$$

ただし，PB：比例帯（％），T_I：積分時間，T_D：微分時間，$m(t)$：制御出力，$e(t)$：制御偏差（$e(t) = SV(t) - PV(t)$），$SV(t)$：制御量の設定値，$PV(t)$：制御量の測定値

これがPID制御の基本式である．第1項が比例項，第2項が積分項，第3項が微分項となる．そして，ここに出てくる3つのパラメータ，**比例帯**（proportional band），**積分時間**（integral time），**微分時間**（derivative time）は各動作の強さを決めるパラメータであり，その決め方が重要な課題となる．(5.1)式

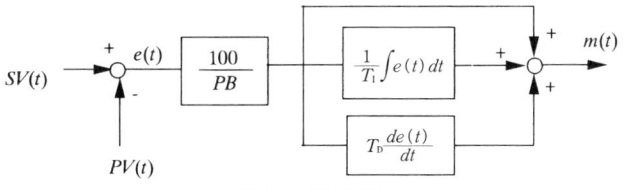

図5.4 PID制御

を図示すると図5.4のようになる．

(5.1)式はラプラス変換を使用して記述すると次のようになる．

$$M(s) = \frac{100}{PB}\left(1 + \frac{1}{T_I s} + T_D s\right)E(s) \tag{5.2}$$

ただし，s：ラプラス演算子，$E(s)$：$e(t)$のラプラス変換，$M(s)$：$m(t)$のラプラス変換

5.3 PID制御の各動作

ここではPID制御の3動作が偏差に対してどのような動きをするかみてみよう．

(1) 比例動作

図5.5に比例動作の動きを示す．一定の大きさの偏差Eがずっと入っていると，比例項はそれに比例した出力を出し続ける．その大きさは$100E/PB$である．したがって，PBが小さいほど比例動作は強くはたらくことになる．$100/PB$の代わりにK_Pと書き**比例ゲイン**を表す場合もある．今後この表現も適宜用いることにする．

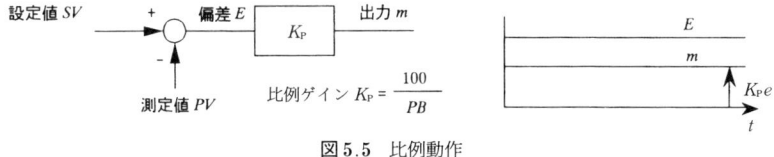

図5.5 比例動作

(2) 積分動作

図5.6に積分動作の動きを示す．いま一定の大きさの偏差（$e = E$）が入っていると，積分項はそれに比例した速度で増え続ける．積分動作の出力M_Iは次のように変化する．

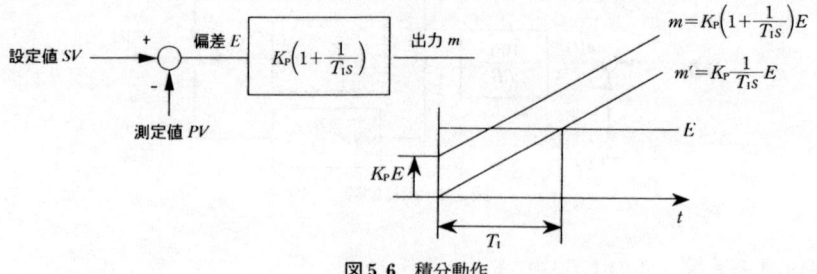

図5.6 積分動作

$$M_\mathrm{I} = \frac{1}{T_\mathrm{I}} \int e(t)dt = \frac{E}{T_\mathrm{I}} \int dt = \frac{E}{T_\mathrm{I}} t$$

したがって，$t=T_\mathrm{I}$ のとき，$M_\mathrm{I}=E$ となる．いいかえると，積分動作の出力が偏差と同じ値に到達するまでの時間が積分時間 T_I である．T_I が小さいほど積分動作は強くはたらく．

(3) 微分動作

図5.7に微分動作の動きを示す．偏差が一定であれば微分したものは0になる．図のように一定の速度で変化している入力 e が入ると，微分動作はその変化率に比例した出力 M_D を出す．

$$M_\mathrm{D} = T_\mathrm{D} \frac{de}{dt} = T_\mathrm{D} \frac{d(Et)}{dt} = T_\mathrm{D} E$$

であるから，$t=T_\mathrm{D}$ のとき入力 $e=Et$ は出力と等しい値になる．いいかえると，一定速度で変化する偏差が微分動作の出力に等しくなるまでの時間が微分時間 T_D である．T_D が大きいほど微分動作は強くはたらく．

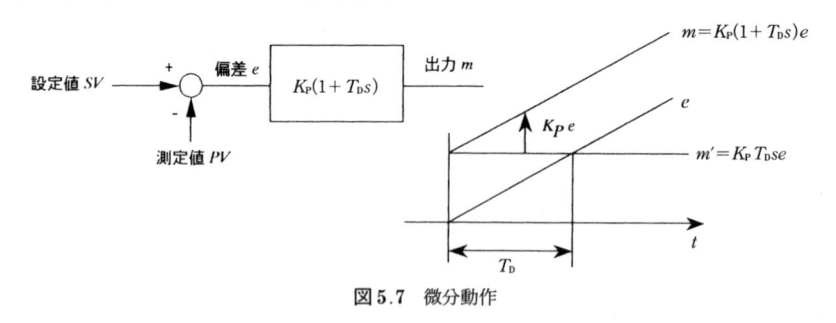

図5.7 微分動作

5.4 PID動作による制御

さて，いよいよPID制御を使ってプロセスを制御しよう．そのとき，うまく

5.4 PID動作による制御

制御されているかどうか調べるのに第2章で勉強したラプラス変換が活躍する．

5.4.1 比例動作のみによる制御

制御対象を1次遅れとむだ時間で近似することにして，図5.8(a)に示すように，比例動作のみを使用して制御する．

制御性を調べるために，設定値をステップ状に変化させてみよう．すると，図5.8(b)のような応答になり，制御量であるPV値は目標値SVに一致しない．実はこれが比例動作だけで制御したときの宿命なのである．そしてこのSV値とPV値の差を**オフセット**または**定常偏差**という．

> 比例動作のみによる制御ではオフセットが出てしまう．

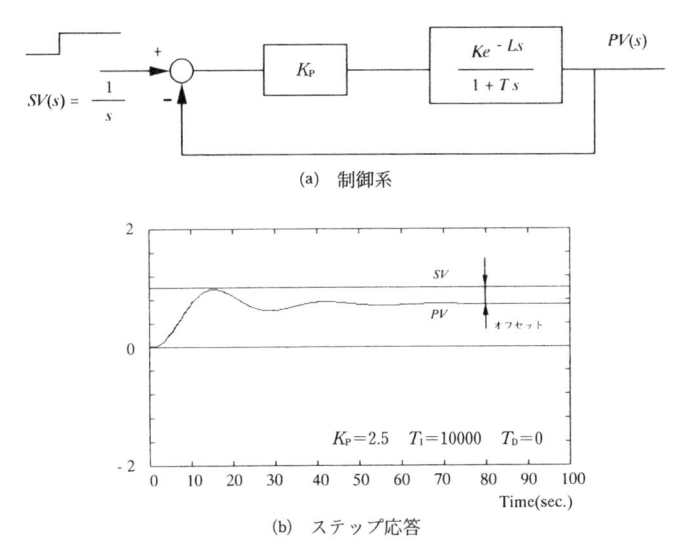

(a) 制御系

(b) ステップ応答

$K_P=2.5 \quad T_I=10000 \quad T_D=0$

図5.8 比例動作のみによる制御

なぜオフセットが出てしまうのか，解析してみよう．

図5.8(a)から，大きさ1のステップ入力に対する$PV(s)$は(2.48)式を使うと次のようになる．

$$PV(s) = \frac{K_P \dfrac{Ke^{-Ls}}{1+Ts}}{1 + K_P \dfrac{Ke^{-Ls}}{1+Ts}} \frac{1}{s} \tag{5.3}$$

ただし，簡単のため $100/PB$ を K_P としてある．

ここで，第2章で学んだ最終値の定理を使う．この定理は「$t=\infty$ における値は s を掛けてから $s\to 0$ としたものに等しい」と述べている．

$s\to 0$ に対し，$e^{-Ls}\to 1$ となることを考慮して，この定理を適用すると，

$$\lim_{t\to\infty} PV(t) = \lim_{s\to 0} sPV(s) = \frac{KK_P}{1+KK_P} \tag{5.4}$$

となることが分かる．すなわち，K_P を大きくすれば，PV 値は1に近づいてはいくが，1になることはない．オフセットの大きさは，

$$\text{OFFSET} = 1 - \frac{KK_P}{1+KK_P} = \frac{1}{1+KK_P} \tag{5.5}$$

である．たとえば，$K=1$，$K_P=2$ とすれば，OFFSET$=1/3$ となる．

このことを図5.9で考えてみる．十分時間がたった後，比例動作がある出力を維持するためには，入力が入り続けていなければならない．この入力になるのがオフセットである．

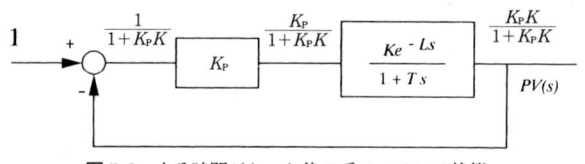

図5.9 十分時間がたった後の系のバランス状態

5.4.2 PI 動作による制御

P動作だけによる制御ではオフセットが残ってしまうことが分かった．それではI動作を加えるとどうなるだろうか．

図5.10(a)にPI制御系を示す．前と同様に設定値を変化させて，ステップ応答をとると(b)のようになり，今度はオフセットが残らない．すなわち

> I動作は偏差を0にするはたらきをもっている．

これは次のように考えると分かりやすい．すなわち，I動作が偏差を積分した出力を出すということは，偏差が0にならない限りプラスまたはマイナスどちらかの方向に出力を変化させ続けることを意味する．偏差が0になるとやっとそこで止まるのである．

では，このことを最終値の定理を使って検証しよう．図5.10(a)から

5.4 PID動作による制御

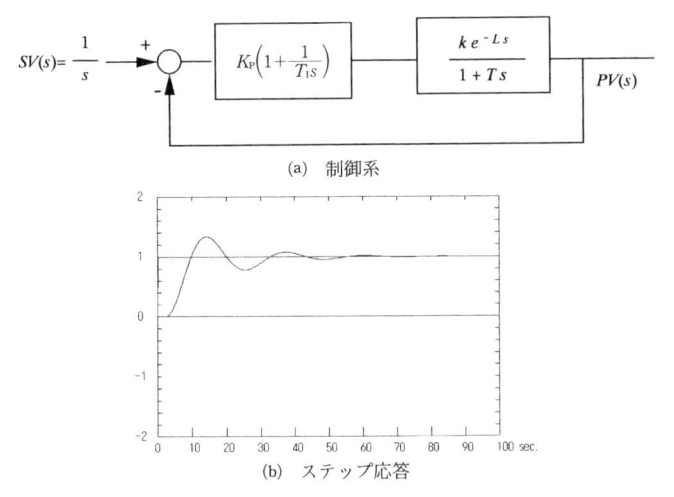

(a) 制御系

(b) ステップ応答

図 5.10　PI 制御系

$$PV(s) = \frac{K_P\left(1+\frac{1}{T_I s}\right)\frac{Ke^{-Ls}}{1+Ts}}{1+K_P\left(1+\frac{1}{T_I s}\right)\frac{Ke^{-Ls}}{1+Ts}} \frac{1}{s}$$

$$= \frac{K_P(T_I s+1)\frac{Ke^{-Ls}}{1+Ts}}{T_I s + K_P(T_I s+1)\frac{Ke^{-Ls}}{1+Ts}} \frac{1}{s} \tag{5.6}$$

ここで, 最終値の定理を適用すると,

$$\lim_{t \to \infty} PV(t) = \lim_{s \to 0} sPV(s) = \frac{KK_P}{KK_P} = 1 \tag{5.7}$$

となり, PV 値は 1 になるので, オフセットはなくなることが分かる.

次に, このとき系はどういう状態でバランスしているのか考えてみよう. 図 5.11(a) にそれを示す.

① 十分時間が経過し, 系が落ちついた状態では $PV=SV=1$ であるとすると, $MV=1/K$ となっているはずである.
② $PV=SV$ であるから $E=0$ である. したがって, $M_P=0$ である.
③ $MV=1/K$, $M_P=0$ とすれば $M_I=1/K$ となっているはずである. すなわち, 積分器は $E=0$, $M_I=1/K$ でバランスしている.

これから分かるように, I 動作のおかげで偏差が 0 になっても調節計は出力を

保つことができる．

　積分器は水を溜める容器に似ている．図5.11(a)の積分器の部分を(b)図のタンクでたとえてみる．流入量を SV とし，流出量を PV とし，レベルが積分器の出力 M_I に相当するものとする．SV が PV に等しくないとき，タンクレベルは増えたり減ったりするが，SV が PV に等しくなると，タンクのレベルはそのときの状態をいつまでも保つ．

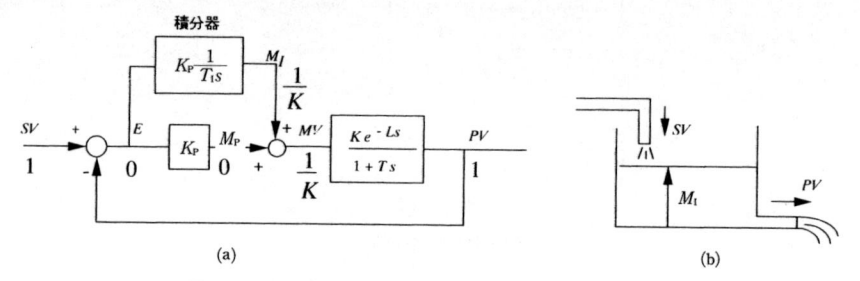

図5.11 PI制御系で十分時間がたった後の系のバランス状態

　さて，図5.12にPI制御系による制御の例をもう1つあげておく．これはプロセスを

$$G(s) = 2e^{-0.2s}/(1+5s)^3 \tag{5.8}$$

の式で近似した場合，設定値のステップ応答である．

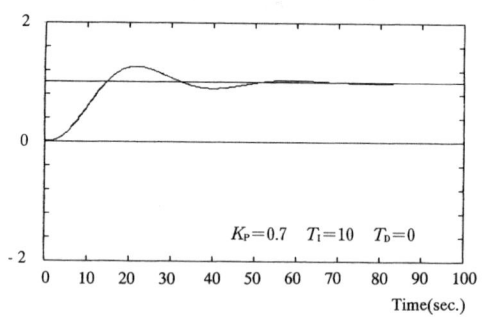

$K_P = 0.7 \quad T_I = 10 \quad T_D = 0$

図5.12 PI制御系による3次系プロセスの制御

5.4.3 PID動作による制御

　今度はさらにD動作を追加してみよう．制御系は図5.13(a)に示す．プロセスはPI制御の場合と同じ(5.8)式の系とした．PIDパラメータをいろいろ調整してみると，(b)図のような応答が得られた．

5.4 PID 動作による制御

これは図 5.12 の PI 制御系よりも速くてよい応答を示している．D 動作を加えることにより応答が改善された．その理由はゲインを上げても不安定にならなかったことにある．つまり，

> D 動作を加えることにより，比例および積分ゲインを上げることができるので，応答速度を上げることができる．

このことを直観的に理解するために図 5.14 をみていただきたい．微分動作は

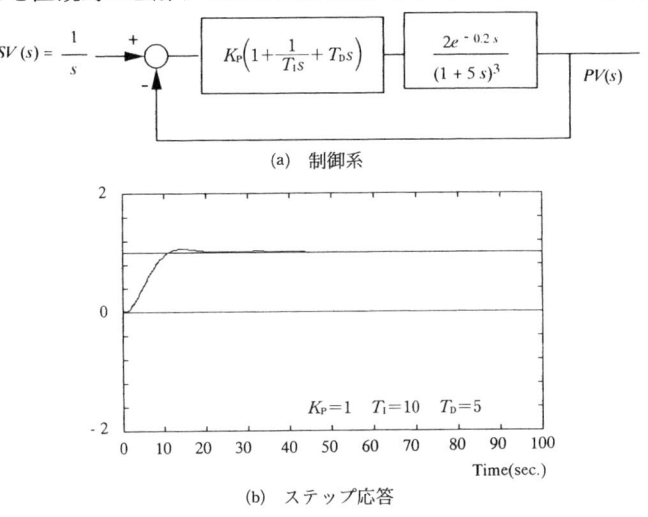

(a) 制御系

$SV(s) = \dfrac{1}{s}$ → $K_P\left(1+\dfrac{1}{T_I s}+T_D s\right)$ → $\dfrac{2e^{-0.2s}}{(1+5s)^3}$ → $PV(s)$

(b) ステップ応答

$K_P=1 \quad T_I=10 \quad T_D=5$

図 5.13　PID 動作による制御

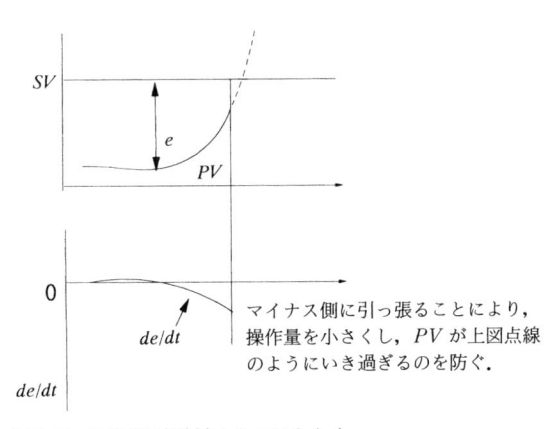

マイナス側に引っ張ることにより，操作量を小さくし，PV が上図点線のようにいき過ぎるのを防ぐ．

図 5.14　D 動作は抑制力としてはたらく

偏差の変化率をみているので，図のように，PV値が設定値SVに近づいていくときは偏差が小さくなっていくためde/dtはマイナスになる．そしてPV値が設定値SVに近づく速度が速ければ速いほど，大きなマイナス値となる．つまり，「このまま増えていくとSV値を通り過ぎてしまうから，もう少し出力を減らしなさい」という抑制力としてはたらく．このようにD動作がほどよくブレーキをかけてくれるので，P動作やI動作は安心して走れるのである．

このことを系の安定性の面から考察すると次のようになる．前にも述べたように，積分動作は位相を遅らせ，微分動作は位相を進める．積分動作はオフセットを取り去るという意味で必要なものであるが，位相を遅らせるので，系を不安定な方向へもっていきやすい．微分動作は積分動作による位相遅れを防ぎ，系を安定にするはたらきをする．

5.4.4 ベクトル軌跡とボード線図でみる D 動作のはたらき

D動作の効果をベクトル軌跡とボード線図を使って確認しよう．プロセスを

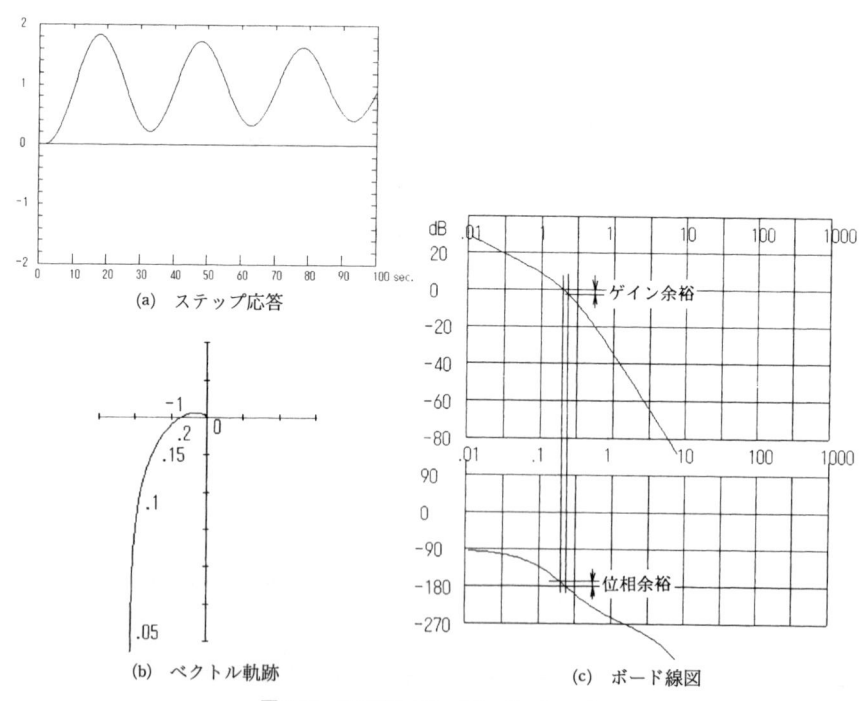

(a) ステップ応答

(b) ベクトル軌跡

(c) ボード線図

図 5.15 PI 制御 (K_P=1.2, T_I=8 sec.)

(5.8) 式と同じものとし，PI 制御のパラメータを $K_P=1.2$，$T_I=8\,\text{sec.}$ とすると，応答は図 5.15(a) のようになる．このときベクトル軌跡は (b) のようになっている．$-1+j0$ の点にかなり近く，ゲイン余裕も位相余裕もほとんどない．ボード線図を描いてみると (c) のようになっている．この図からみても，ゲイン 0 dB のところでは $-180°$ からほんのわずかしか離れておらず，ゲイン余裕と位相余裕のなさがわかる．

これに対し D 動作を加えるとどうなるだろうか．K_P，T_I はそのままの値 $K_P=1.2$，$T_I=8$ にしておいて，$T_D=5\,\text{sec.}$ を付け加える．

ステップ応答は図 5.16(a) のように改善された．このときベクトル軌跡は (b) のように変化し，$-1+j0$ の点からは遠く離れた．ボード線図を描いてみると (c) のようになる．0 dB のところでみると位相余裕が 70° くらいあり，ゲイン余裕も 25 dB 程度あることが分かる．このように，D 動作により位相特性が改善される．

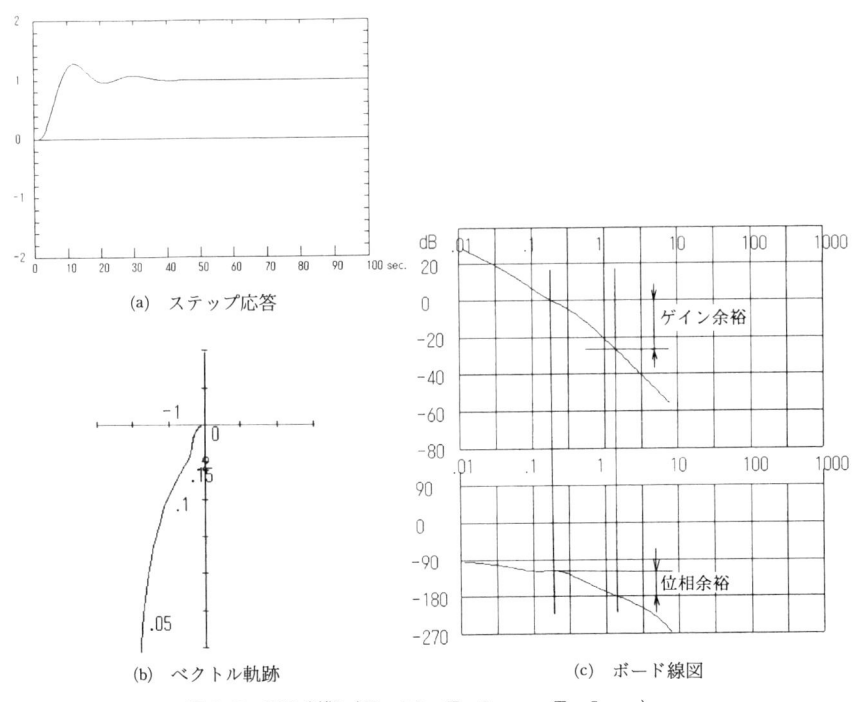

(a) ステップ応答

(b) ベクトル軌跡

(c) ボード線図

図 5.16　PID 制御（$K_P=1.2$，$T_I=8\,\text{sec.}$，$T_D=5\,\text{sec.}$）

5.4.5 PID 3 動作による制御のまとめ

以上のように PID 制御は 3 つの動作が互いに補いあって素晴らしい動きをする．ただし，後の章で述べるように種々の理由で，D 動作は使用できないことが多いので注意を要する．PID 制御各動作のはたらきを図 5.17 にまとめて示す．

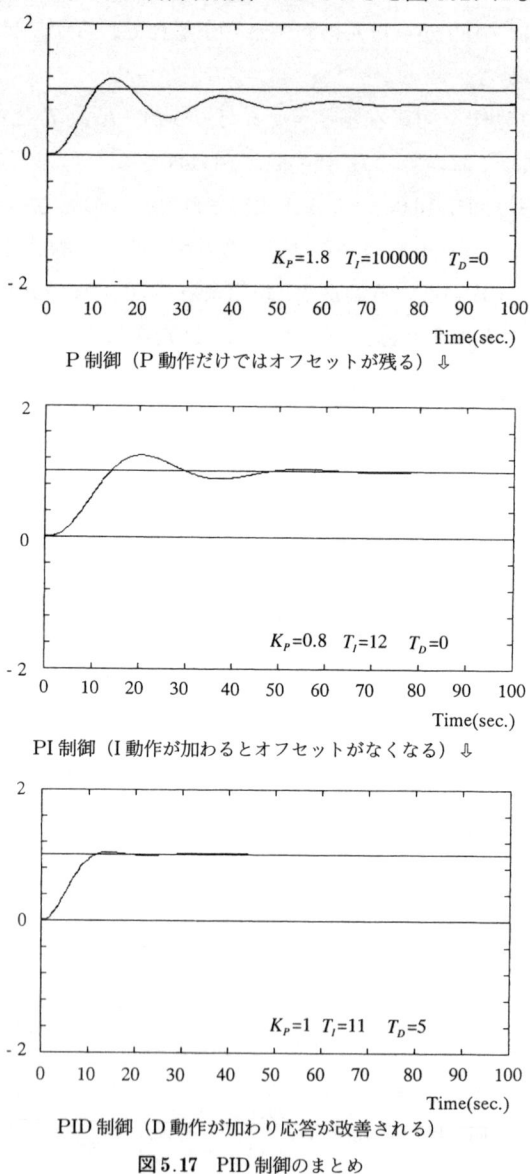

K_P=1.8　T_I=100000　T_D=0

P 制御（P 動作だけではオフセットが残る）⇩

K_P=0.8　T_I=12　T_D=0

PI 制御（I 動作が加わるとオフセットがなくなる）⇩

K_P=1　T_I=11　T_D=5

PID 制御（D 動作が加わり応答が改善される）

図 5.17　PID 制御のまとめ

5.4 PID動作による制御

もう1つ別の図を図5.18に示す.これはステップ入力が入り,整定するまでの過程において,PID制御の各動作の動きを示す.P動作は偏差に比例した出力 M_P を出し,D動作の出力 M_D は抑止力としてはたらき,最後にバランスする出力 M_I は I 動作によって保持されていることをよく観察して頂きたい.

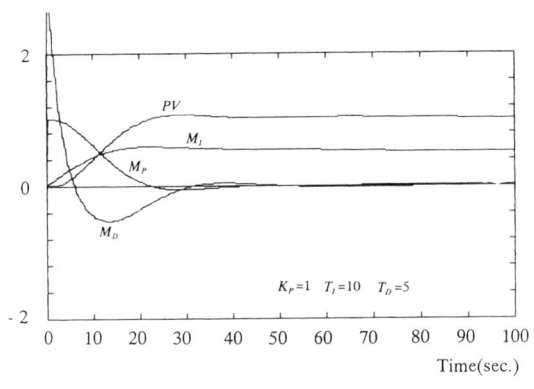

図5.18 PID制御各動作の動き

演習問題

5.1 図E5.1のように比例動作のみで制御されている系に，大きさ1の設定値変更を与えた．このときのオフセットの大きさを $PB=100\%$ の場合と $PB=50\%$ の場合について求めよ．

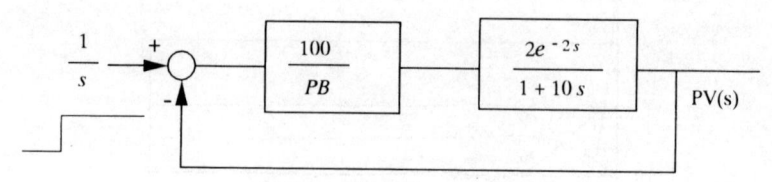

図E5.1 比例動作による制御系

5.2 PI動作のコントローラに偏差1の信号が入り続けたとき，出力は図E5.2のように変化した．比例帯，積分時間はいくらであったか．

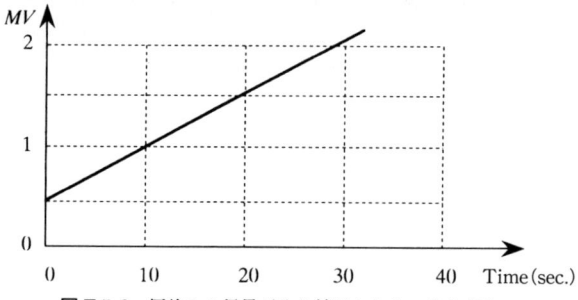

図E5.2 偏差1の信号が入り続けたときの出力変化

6 PID 制御のバリエーション

　実際に産業界で使用されるコントローラ（調節計）はマイクロプロセッサを使用してディジタル演算をするものが多い．この場合は制御演算の周期に気を付けなければならない．すなわち，**制御周期**はプラントの応答時間に比べ十分短くなければならない．
　また，PID 調節計は，設定値変更に対する応答と，外乱に対する応答を両立させるため，**微分先行形 PID 調節計**，**I-PD 調節計**，**2 自由度 PID 調節計**などのバリエーションがある．

　前章では PID 制御の基本形を学んだ．ところが，最近ではマイクロプロセッサで PID 制御の計算をさせるディジタル方式が主流である．PID 制御の基本的な考え方は，アナログ方式でもディジタル方式でも変わりはない．しかし，ディジタル方式に特有な点もあるので，それについて述べることにする．また，実際に使用されるコントローラでは種々の変形がなされている．本章ではこれらの変形についても述べる．なお，メーカにより製品として出されているコントローラを**調節計**ということが多いので，本章ではこの用語を使うことにする．

6.1 不 完 全 微 分

　まず最初に，実際の調節計で使用される微分動作について述べる．前章の説明では微分動作を $T_D s$ で表した．しかし，このように純粋な微分動作を行うものを実現することは不可能である．そこで，実用的には次の (6.1) 式に示すものが使用されるのが一般的である．これを**不完全微分**という．アナログの電子式 PID 調節計でも，現在のディジタル PID 調節計でもこれが使われている．

$$M(s) = \frac{T_D s}{1 + \frac{T_D}{\alpha} s} E(s) \tag{6.1}$$

式中の α は**微分ゲイン**と呼ばれ，微分動作の幅と高さを決める．
　この不完全微分要素にステップ入力が入ると図 6.1 のような応答となる．純粋

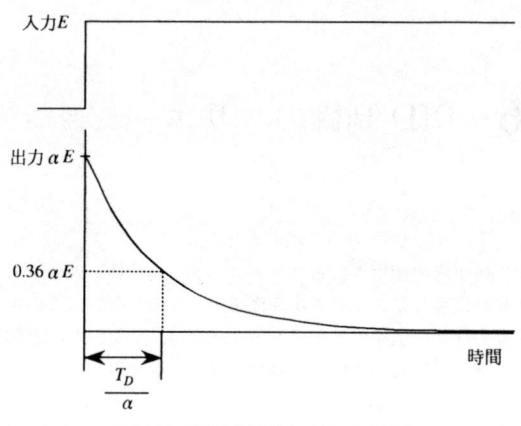

図6.1 不完全微分のステップ応答

な微分とは異なるが前章で述べた微分動作の効果は十分得られる．前章で示したシミュレーション図も実はこの不完全微分を使用して求めたものである．

6.2 ディジタルPID調節計

かつて，PID動作はアナログの電子回路を使って実現していた．いまはマイクロプロセッサを使って，プログラムで実現している．ここではディジタルPID調節計がどのようにしてPID演算を行うか述べる．ディジタル調節計では図6.2に示すように信号をサンプリングしたものに，PID演算をほどこす．それからディジタル/アナログ変換器（D/A変換器）とホールド回路を通して出力する．アナログ方式と大きく異なる点はサンプリングされた離散的データを扱う

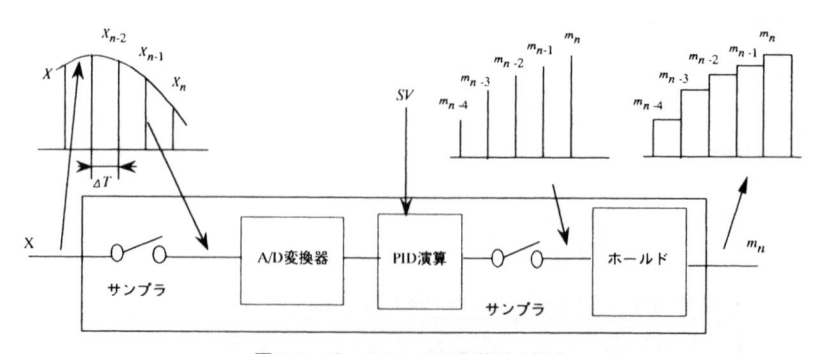

図6.2 ディジタルPID調節計の構成

さて，PID制御の基本形は次の (6.2) 式であった．

$$m(t) = \frac{100}{PB}\left(e(t) + \frac{1}{T_\mathrm{I}}\int e(t)dt + T_\mathrm{D}\frac{de(t)}{dt}\right) \tag{6.2}$$

サンプリングされたデータにもとづきこれをディジタルアルゴリズムに変形するのであるが，(6.2) 式をそのままディジタル化する位置形アルゴリズムと制御出力の変化分だけを出力する速度形アルゴリズムの2つがある．以下にこの2つのアルゴリズムについて述べる．

(1) 位置形アルゴリズム

$\varDelta T$ 時間ごとにサンプリングされたデータを考え，(6.2) 式を差分方程式の形で表現すると次のようになる．

$$m_n = \frac{100}{PB}\left(e_n + \frac{1}{T_\mathrm{I}}\sum_{i=0}^{n}e_i\varDelta T + T_\mathrm{D}\frac{e_n - e_{n-1}}{\varDelta T}\right) \tag{6.3}$$

ただし，$\varDelta T$：サンプリングの時間間隔，m_n：サンプリング時刻 $n\varDelta T$ における出力，e_i：サンプリング時刻 $i\varDelta T$ における偏差（$=SV_i - x_i$），e_n：サンプリング時刻 $n\varDelta T$ における偏差（$=SV_n - x_n$），e_{n-1}：サンプリング時刻 $(n-1)\varDelta T$ における偏差（$=SV_{n-1} - x_{n-1}$）

図 6.3(a) において，サンプリング時間間隔 $\varDelta T$ を十分小さくとれば，曲線のAB間の積分は長方形の面積の和にほぼ等しいと考えてよい．

したがって，

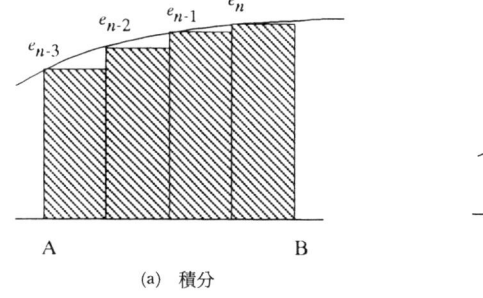

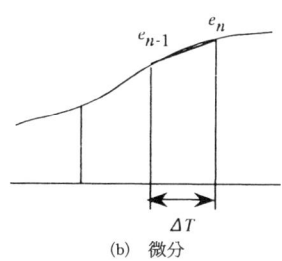

$$\int edt \fallingdotseq \sum e_i \varDelta T$$

(a) 積分　　(b) 微分

図 6.3　ディジタル PID 調節計の積分と微分

であり，(6.3) 式の $\sum e_i \Delta T$ は近似的に積分になっていることがわかる．同様に，サンプリング時間間隔 ΔT を十分小さくとれば，図6.3(b)からも分かるように，

$$\frac{de}{dt} \fallingdotseq \frac{e_n - e_{n-1}}{\Delta T}$$

と考えてよいから，(6.3) 式の第3項が近似的に微分になっている．

ただし，実際にはこの微分も上に述べた不完全微分を使うのであるが，これについては後で触れる．(6.3) 式の演算を**位置形** (position form) **アルゴリズム**という．

(2) 速度形アルゴリズム

現実のディジタル制御システムでは (6.3) 式のまま計算することは少なく，次式のように出力の変化分だけを計算する方法が多く使われている．

$$\begin{aligned}
\Delta m_n &= m_n - m_{n-1} \\
&= \frac{100}{PB}\left(e_n + \frac{1}{T_{\mathrm{I}}}\sum_{i=0}^{n} e_i \Delta T + T_{\mathrm{D}}\frac{e_n - e_{n-1}}{\Delta T}\right) \\
&\quad - \frac{100}{PB}\left(e_{n-1} + \frac{1}{T_{\mathrm{I}}}\sum_{i=0}^{n-1} e_i \Delta T + T_{\mathrm{D}}\frac{e_{n-1} - e_{n-2}}{\Delta T}\right) \\
&= \frac{100}{PB}\left\{(e_n - e_{n-1}) + \frac{\Delta T}{T_{\mathrm{I}}}e_n + \frac{T_{\mathrm{D}}}{\Delta T}(e_n - 2e_{n-1} + e_{n-2})\right\} \quad (6.4)
\end{aligned}$$

すなわち，図6.4に示すように前回まで出力している値に，(6.4) 式で計算した値を加えて今回の出力とする．(6.4) 式の演算を**速度形** (velocity form) **アルゴリズム**という．

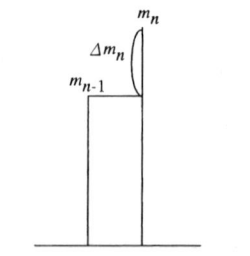

図6.4 速度形アルゴリズムの出力

(3) ディジタル PID の不完全微分

微分動作についてはアナログの場合と同様に不完全微分が使用されることが多

い．(6.1) 式をディジタルアルゴリズムに変形すると次のようになる．

$$\left(1+\frac{T_\mathrm{D}}{\alpha}s\right)M(s)=T_\mathrm{D}sE(s) \tag{6.5}$$

であるから，微分項を差分で表すと，

$$m_n+\frac{T_\mathrm{D}}{\alpha}\cdot\frac{m_n-m_{n-1}}{\Delta T}=T_\mathrm{D}\frac{e_n-e_{n-1}}{\Delta T} \tag{6.6}$$

$$\therefore\quad m_n=\frac{T_\mathrm{D}}{\Delta T+T_\mathrm{D}/\alpha}(e_n-e_{n-1})+\frac{T_\mathrm{D}/\alpha}{\Delta T+T_\mathrm{D}/\alpha}m_{n-1} \tag{6.7}$$

となる．

また，これを速度形アルゴリズムに直すと，

$$\Delta m_n=\frac{T_\mathrm{D}}{\Delta T+T_\mathrm{D}/\alpha}(e_n-2e_{n-1}+e_{n-2})+\frac{T_\mathrm{D}/\alpha}{\Delta T+T_\mathrm{D}/\alpha}\Delta m_{n-1} \tag{6.8}$$

となる．

6.3　サンプリングの影響

前節でディジタル PID 調節計のサンプリング周期を十分短く選び，かつ不完全微分を使用することによって，アナログ調節計と同様なはたらきをさせることを示した．ここでは入力信号の周期とサンプリング周期の関係について述べる．

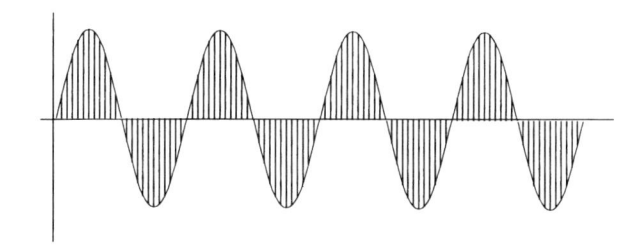

(a)　ΔT が十分短いとき

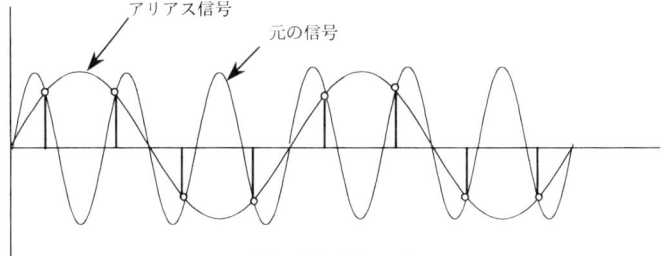

アリアス信号　　元の信号

(b)　ΔT が長いとき

図 6.5　サンプリング周期（ΔT）が長いと偽の信号が発生する

図 6.5 で分かるように，入力信号の周期に対しサンプリング周期 $\varDelta T$ が十分短いときはサンプリングされた信号から元の波形を復元することができる．しかし，サンプリング周期が長くなった場合，図(b)の○印で示されるサンプル点を結ぶと，元の波形とは異なる低周波数成分が存在するかのようにみえる．したがって，この場合はサンプリングされたデータから元の波形を復元することはできない．このように擬似的な低周波数成分が発生することを**アリアス効果**（aliasing）という．ちなみに，alias というのは「偽名」という意味である．

それでは，アリアス信号が生じないためにはどれだけのサンプリング周期が必要だろうか．この理論的限界を述べた有名な**サンプリング定理**がある．それは次のように述べている．

--- **[サンプリング定理]** ---

サンプリングされたデータから元の波形が復元できるためには元の周期を T，サンプリング周期を $\varDelta T$ としたとき

$$\varDelta T \leq T/2 \tag{6.9}$$

でなければならない．

別の表現をすると，「サンプリング周波数を f_s とすると，$f_s/2$ より高い周波数は再生できない」ということである．この値を**ナイキスト周波数**という．

ところで，サンプリング定理で与えられる限界は，無限に長いデータを使用した場合の理論値であるので，実用的には図 6.5(a) に示したように十分短い周期でサンプリングする必要がある．これには明確な基準があるわけではないが，1つの目安として，信号波形の最も高い周波数成分の 1/10 ぐらいのサンプリング周期を選ぶのがよい．

サンプリング周期を選ぶとき考慮すべき点がもう 1 つある．それは制御対象プロセスの時定数である．速く応答するプロセスの制御には短いサンプリング周期が必要であり，ゆっくり応答するプロセスには長いサンプリング周期でよい．この場合も，1 つの目安としてプロセス時定数の 1/10 ぐらいのサンプリング周期を選ぶのがよい．

また，制御対象のプロセス時定数から，あるサンプリング周期が選ばれたとしよう．この場合，もし検出器からの入力信号に高周波ノイズが含まれており，アリアス効果を生ずるおそれのあるときはあらかじめアナログフィルタでこの高周波ノイズを除去しておく必要がある．

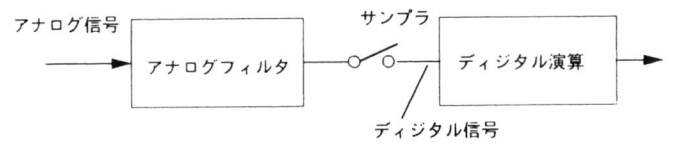

図6.6 アナログフィルタで高周波成分を除去しておくとよい

6.4 PID 制御のバリエーション

6.4.1 微分先行形 PID 調節計（IP-D 調節計）

　PID 制御の基本式を (6.2)，(6.3) に示した．しかし，これらのアルゴリズムを使用した場合，設定値の変更に際し微分動作のために出力の急変が生ずることがある．これは**微分キック**といわれ，運転上好ましくない．これを避けるため，設定値変更に対し微分動作をはたらかなくした調節計が考え出された．これはアナログ調節計の時代に，測定値入力に対し最初に微分演算を行う回路が置かれたところから**微分先行形 PID 調節計**と名づけられた．この調節計は次式で表される．

$$M(s)=\frac{100}{PB}\left\{\left(1+\frac{1}{T_I s}\right)E(s)-T_D s X(s)\right\} \qquad (6.10)$$

ただし，$X(s)$ はプロセス信号のラプラス変換であり，$E(s)$ は偏差 $E(s)=SV(s)-X(s)$ である．(6.10) 式では，設定値は微分動作にまったく関与しないことになる．この式をディジタル調節計の速度形アルゴリズムで表すと次式のようになる．

$$\Delta m_n=\frac{100}{PB}\left\{(e_n-e_{n-1})+\frac{\Delta T}{T_I}e_n-\frac{T_D}{\Delta T}(x_n-2x_{n-1}+x_{n-2})\right\} \qquad (6.11)$$

　ところで，この微分先行形アルゴリズムの性質を調べるために (6.10) 式を次のように変形してみる．

$$\begin{aligned}M(s)&=\frac{100}{PB}\left\{\left(1+\frac{1}{T_I s}\right)(SV(s)-X(s))-T_D s X(s)\right\}\\&=\frac{100}{PB}\left\{\left(1+\frac{1}{T_I s}\right)SV(s)-\left(1+\frac{1}{T_I s}+T_D s\right)X(s)\right\}\\&=\frac{100}{PB}\left(\frac{1+T_I s}{1+T_I s+T_I T_D s^2}SV(s)-X(s)\right)\left(1+\frac{1}{T_I s}+T_D s\right) \quad (6.12)\end{aligned}$$

したがって，

微分先行形 PID 調節計は基本式の設定値 $SV(s)$ の代わりに，フィルタを付けて，

$$SV_1(s) = \frac{1 + T_1 s}{1 + T_1 s + T_1 T_D s^2} SV(s) \tag{6.13}$$

とおいたものと同等である．

図 6.7(a) は微分先行形 PID 調節計である．(6.13) 式の等価変換を行ったものが (b) に示されている．(c) にフィルタの応答例を示す．このフィルタ特性は T_1/T_D の比によって変化するが，いずれの場合もあまり強いフィルタ効果はない．ある程度のフィルタ効果を出すには，次項に示す I-PD 調節計を使う必要がある．

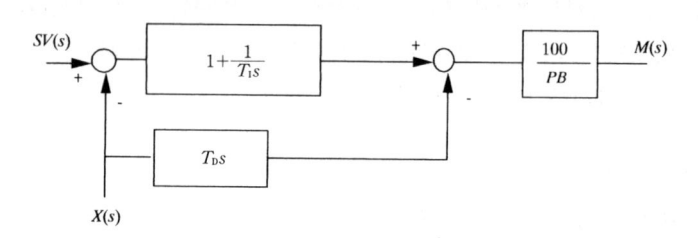

(a) 微分先行形 PID 調節計

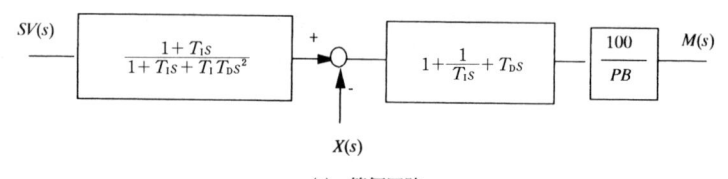

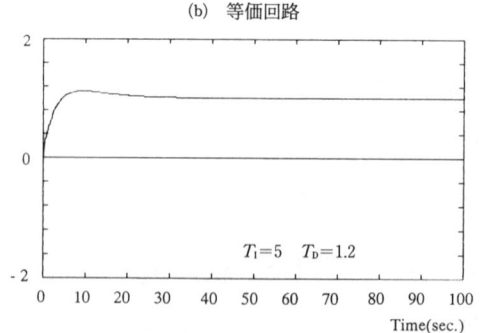

(b) 等価回路

(c) フィルタ (6.16) 式の応答 ($T_1 = 5$ sec., $T_D = 1.2$ sec.)

図 6.7 微分先行形 PID 調節計

6.4.2　I-PD 制御（比例先行形）

　微分動作について行ったと同様に，比例動作に対しても設定値変更を効かなくすることができる．これによって設定値変更にともなうキックをさらに小さくすることができる．微分先行にならって**比例先行形 PID 調節計**といわれることもあり[1]，ディジタル計装システムで実用化されている[2]．一方，これは現代制御理論の立場から北森によって提案され，**I-PD 制御**と名付けられたものと同一の形をしている．したがって，いまでは I-PD 制御という名がよく使われている．
　これは次のように表現できる．

$$M(s) = \frac{100}{PB}\left\{\frac{1}{T_{I}s}E(s) - (1+T_{D}s)X(s)\right\} \qquad (6.14)$$

差分形ディジタル制御のアルゴリズムで表現すると，

$$\Delta m_n = \frac{100}{PB}\left\{\frac{\Delta T}{T_I}e_n - (x_n - x_{n-1}) - \frac{T_D}{\Delta T}(x_n - 2x_{n-1} + x_{n-2})\right\} \qquad (6.15)$$

と表される．微分先行形の場合と同様に (6.14) 式を変形すると次のようになる．

$$\begin{aligned}
M(s) &= \frac{100}{PB}\left\{\frac{1}{T_{I}s}(SV(s)-X(s)) - (1+T_{D}s)X(s)\right\} \\
&= \frac{100}{PB}\left\{\frac{1}{T_{I}s}SV(s) - \left(1 + \frac{1}{T_{I}s} + T_{D}s\right)X(s)\right\} \\
&= \frac{100}{PB}\left(\frac{1}{1+T_{I}s+T_{I}T_{D}s^2}SV(s) - X(s)\right)\left(1 + \frac{1}{T_{I}s} + T_{D}s\right) \quad (6.16)
\end{aligned}$$

したがって，

> I-PD 調節計は基本形調節計の $SV(s)$ の代わりに，フィルタを付けて
> $$SV_1(s) = \frac{1}{1+T_{I}s+T_{I}T_{D}s^2}SV(s) \qquad (6.17)$$
> とおいたものと同等である．

また (6.17) 式を

$$SV_1(s) = \frac{1}{1+T_{I}s}\frac{1+T_{I}s}{1+T_{I}s+T_{I}T_{D}s^2}SV(s) \qquad (6.18)$$

のように書き直してみると，これは微分先行形調節計の設定値にさらに

(a) I-PD 調節計

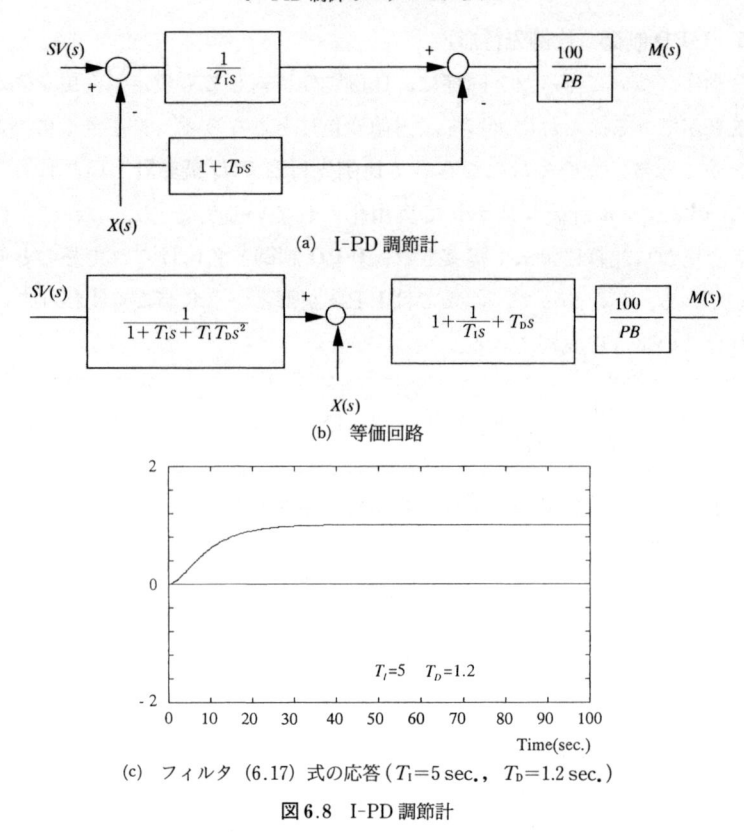

(b) 等価回路

(c) フィルタ（6.17）式の応答（$T_I=5$ sec., $T_D=1.2$ sec.）

図 6.8　I-PD 調節計

$1/(1+T_I s)$ のフィルタを付けたものと考えられる．図 6.8 は以上をまとめて図示したものである．図(a)は I-PD 調節計のブロック図である．図(b)は等価回路であり，設定値に対し，$1/(1+T_I s+T_I T_D s^2)$ がフィルタとなっていることを示している．(c)にフィルタの応答例を示す．このようにフィルタが入っているので，設定値変更に対してそれだけ応答がゆるやかになる．

ここで，これまで述べてきた3種類の調節計を使用した制御系の応答を比較しよう．まず，ステップ外乱に対する応答が図 6.9(a)のようになるように PID パラメータを調整する．外乱に対する応答は3種類の調節計とも同じである．次にこの PID パラメータを使用してそれぞれに対するステップ応答をシミュレーションしたものが図(b), (c), (d)である．図(d)の I-PD 調節計はオーバーシュートが少なく，よい応答を示している．これは次に述べる2自由度 PID 調節計とほぼ同等の応答になっている．

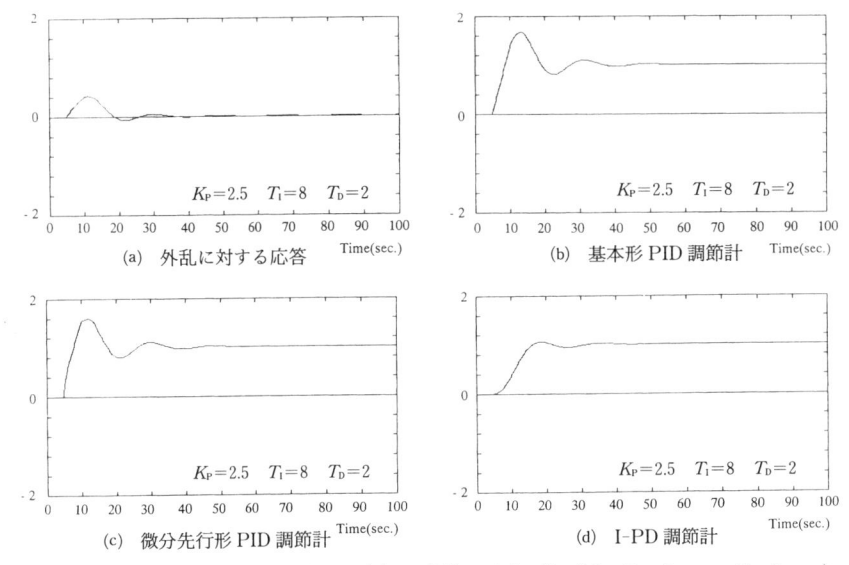

図6.9　3種類のPID調節計の応答 ($G_p(s)=e^{-5s}/(1+10s)$, $K_P=2.5$, $T_I=8\,\text{sec.}$, $T_D=2\,\text{sec.}$)

(a) 外乱に対する応答
(b) 基本形 PID 調節計
(c) 微分先行形 PID 調節計
(d) I-PD 調節計

6.5　2自由度 PID 調節計

6.5.1　2自由度 PID 調節計とは

図6.10のフィードバック系では，設定値の変化に対し最適応答を示すようにPID定数を決めた場合，外乱に対しても最適応答を示すとは限らない．その逆も同じことがいえる．その意味において自由度は1つしかない．そこで，図

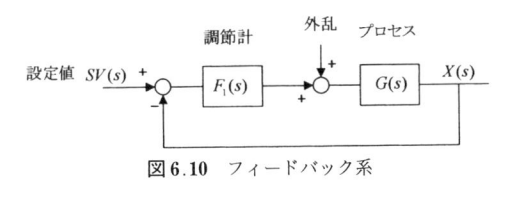

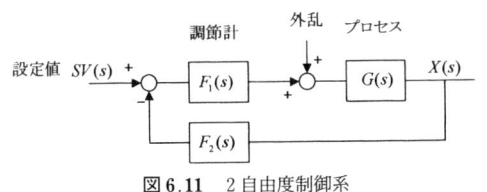

図6.10　フィードバック系

図6.11　2自由度制御系

6.11のようにF_2なる補償要素を加えF_1, F_2を独立して設定できるようにした制御系を**2自由度制御系**という．

これをPID制御に適用したものが**2自由度PID調節計**である．外乱入力に対し最適な応答が得られるようにPID定数を設定したとき，設定値変更に対する応答を改善するために工夫されたのが微分先行形調節計やI-PD調節計であった．これらは次に述べるように2自由度PID調節計の特殊な場合と考えることができる[4]．

2自由度PID調節計はいろいろな構成法があるが，最も分かりやすい例を図6.12に示す．これを**変数分離形**2自由度PID調節計という．PIDパラメータの他にα, βが可変パラメータになっている．

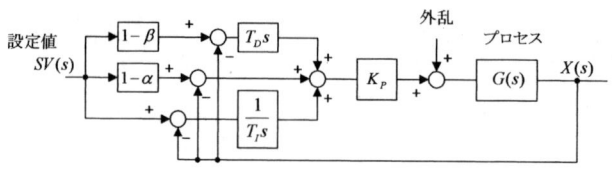

図6.12 変数分離形2自由度PID調節計

変数分離形2自由度PID調節計の制御式は次のように書ける．

$$M(s) = K_P \left[\{(1-\alpha)SV(s) - X(s)\} + \frac{1}{T_I s}(SV(s) - X(s)) \right.$$
$$\left. + T_D s\{(1-\beta)SV(s) - X(s)\} \right] \quad (6.19)$$

この式から分かるように，2自由度PID調節計のα, βの値により前項のPID調節計のさまざまな変形が導かれる．

$\alpha=0$, $\beta=0$ ⇒ 基本形PID調節計
$\alpha=0$, $\beta=1$ ⇒ 微分先行形PID調節計
$\alpha=1$, $\beta=1$ ⇒ I-PD調節計

前項では微分先行形PID調節計などのフィルタ特性を調べた．微分先行形PID調節計では設定値の前に$(1+T_I s)/(1+T_I s+T_I T_D s^2)$なるフィルタをおいたのと等価であり，I-PD調節計では設定値の前に$1/(1+T_I s+T_I T_D s^2)$なるフィルタをおいたのと等価であることを述べた．2自由度PID調節計の場合も同様な変形が可能であり，(6.19)式は次の(6.20)式のように書ける．

$$M(s) = K_\mathrm{P}\left[\left\{\frac{1+(1-\alpha)T_\mathrm{I}s+(1-\beta)T_\mathrm{I}T_\mathrm{D}s^2}{1+T_\mathrm{I}s+T_\mathrm{I}T_\mathrm{D}s^2}SV(s)-X(s)\right\}\right.$$
$$\left.\times\left(1+\frac{1}{T_\mathrm{I}s}+T_\mathrm{D}s\right)\right] \tag{6.20}$$

この式は，SV の前に，

$$G_\mathrm{F}(s) = \frac{1+(1-\alpha)T_\mathrm{I}s+(1-\beta)T_\mathrm{I}T_\mathrm{D}s^2}{1+T_\mathrm{I}s+T_\mathrm{I}T_\mathrm{D}s^2} \tag{6.21}$$

なるフィルタをおいたものになっており，α，β の値により，3種類の調節計と同じになる．すなわち，

① $\alpha=0$，$\beta=0$ のとき $G_\mathrm{F}(s)=1$ であり，基本形 PID 調節計である．
② $\alpha=0$，$\beta=1$ のとき $G_\mathrm{F}(s)=(1+T_\mathrm{I}s)/(1+T_\mathrm{I}s+T_\mathrm{I}T_\mathrm{D}s^2)$ であり，微分先行形 PID 調節計のフィルタになる．
③ $\alpha=1$，$\beta=1$ のとき $G_\mathrm{F}(s)=1/(1+T_\mathrm{I}s+T_\mathrm{I}T_\mathrm{D}s^2)$ であり，I-PD 調節計のフィルタになる．

次項で述べる方法で，$\alpha=0.6$，$\beta=0.7$ としたときの2自由度 PID 調節計の設定値変更に対する応答を図 6.13 に示す．プロセスモデルおよび PID パラメータは図 6.9 の場合と同じものを使った．応答は図 6.9 の I-PD 調節計（$\alpha=1$，$\beta=1$ に相当）とよく似ているが，ほんのわずか2自由度 PID 調節計の方が早く立ち上がっている．

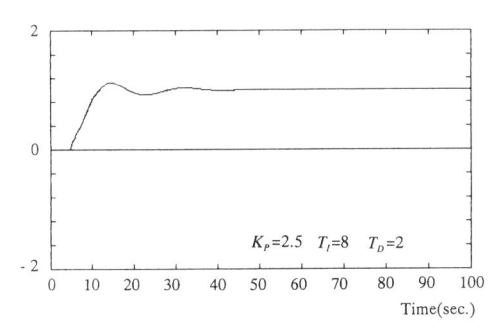

図 6.13 2自由度 PID 調節計のステップ応答（$\alpha=0.6$，$\beta=0.7$）

6.5.2 α，β の決め方

2自由度 PID 調節計では PID パラメータのほかに2つのパラメータ α，β を決めなければならない．その手順は次のようにする．

① まず，外乱に対する最適 PID パラメータを求める．

表6.1 制御対象 $Ke^{-Ls}/(1+Ts)$ に対する2自由度PID調節計のパラメータ(荒木)

L/T	$K_P \cdot K$	T_I/T	T_D/T	α	β
0.1	12.5	0.22	0.04	0.68	0.75
0.2	6.1	0.41	0.08	0.63	0.70
0.3	4.1	0.57	0.11	0.62	0.70
0.4	3.1	0.71	0.15	0.59	0.69
0.5	2.5	0.83	0.18	0.58	0.69
0.6	2.11	0.94	0.21	0.56	0.69
0.7	1.82	1.05	0.24	0.54	0.69
0.8	1.61	1.13	0.28	0.51	0.68
0.9	1.44	1.22	0.31	0.48	0.69
1.0	1.33	1.26	0.34	0.49	0.66

② 次に，設定値変化に対して最適な応答を与える α, β を決める．
荒木は $Ke^{-Ls}/(1+Ts)$ で表される制御対象に対し，最適パラメータを表6.1のように与えた[4]．およその目安として $\alpha=0.6$，$\beta=0.7$ 前後に選べばよいことが表からわかる．このパラメータはシャープには効かないのであまり神経質になる必要はない．

演 習 問 題

6.1 変数分離形2自由度調節計は本文（6.21）式に示したように，設定値の前に
$$G_F(s) = \frac{1+(1-\alpha)T_I s+(1-\beta)T_I T_D s^2}{1+T_I s + T_I T_D s^2}$$
なるフィルタをおいたものと等価であることを示せ．

7　PID制御のチューニング

　PID制御を使用するうえで，比例帯，積分時間，微分時間などの**パラメータ**の**チューンニング（調整）**は大変重要である．これが不適切であると，系が不安定になったり，反対に応答が遅くなり過ぎたりする．

　チューニングには多くの方法が提案されているが，本章では古くから有名な**ジーグラ・ニコルス法**と **CHR 法**を紹介する．一方，実際の現場では**試行錯誤**により決めることが多い．本章ではそのためのノウハウを紹介する．

7.1　制御特性の評価

　PID制御を使う際には，**比例帯（比例ゲイン），積分時間，微分時間**の3つのパラメータを決めなければならない．このことをPID制御パラメータの**チューニング**，または**調整**という．

　このとき問題になるのが評価基準を何にするかということである．図7.1は目標値のステップ変化に対する，制御量のさまざまな応答波形を示す．(b)は理想

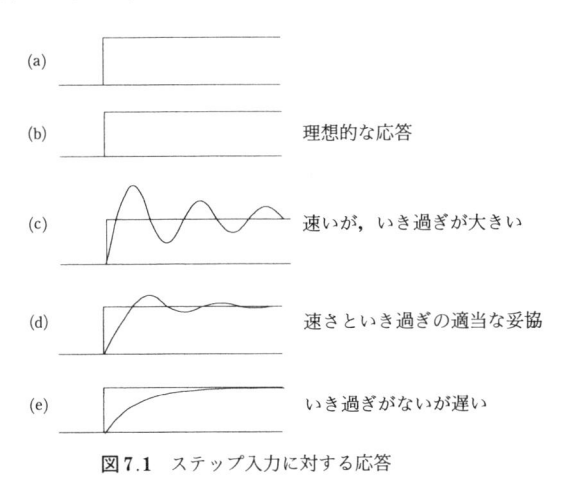

(a)	
(b)	理想的な応答
(c)	速いが，いき過ぎが大きい
(d)	速さといき過ぎの適当な妥協
(e)	いき過ぎがないが遅い

図7.1　ステップ入力に対する応答

的であるが，これは実現できない．(d)あたりがよさそうな感じがする．ただし，使用目的によっては，少々遅くてもオーバーシュート（目標値からのいき過ぎ）のない(e)がよい場合もある．反対に少々オーバーシュートがあってもよいから(c)のように速い応答が望まれる場合もあるかも知れない．したがって，(d)のような応答を念頭においてパラメータを決め，それに少し修正をほどこすのが実用的なやり方であると考える．

それでは過渡特性の評価法をもう少し具体的にみてみよう．

(1) 減衰率による評価

図7.2はいき過ぎのある応答である．1番目のオーバーシュート a_1 と2番目のオーバーシュート a_2 の比で評価する方法である．この値を **1/4** 程度に選ぶのが1つの目安となっており，1/4減衰の制御といわれる．すぐ後に出てくるジーグラ・ニコルス法ではこれを使用している．

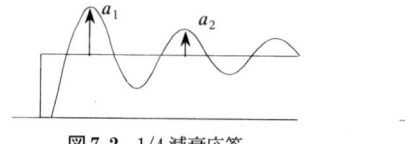

図7.2 1/4減衰応答

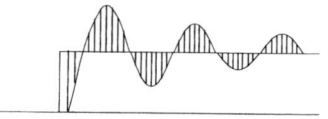

図7.3 設定値からの偏差

(2) 偏差の積分値による評価

図7.3の影の部分は目標値からの偏差である．この偏差の積分を評価関数として，それが最も小さくなるように選ぶことも考えられる．ところがその積分の仕方がいろいろありそれによっていくつかの評価法がある．

・偏差の積分（integral of error, IE）

$$PF = \int e(t)dt \tag{7.3}$$

これは偏差をそのまま積分したものでオーバーシュートのない応答に適用することができる．

・偏差の絶対値の積分（integral of absolute value of error：IAE）

$$PF = \int |e(t)|dt \tag{7.4}$$

・偏差の2乗積分（integral of squared error：ISE）

$$PF = \int e(t)^2 dt \tag{7.5}$$

・時間重み付き積分 (integral of time multiplied by absolute error：ITAE)
$$PF = \int t|e(t)|dt \tag{7.6}$$

以上は過渡応答にもとづく評価法である．また，前に述べたゲイン余裕，位相余裕にもとづく方法などもあるが，これらについての説明は省略する．

7.2 ジーグラ・ニコルス法

PID 制御系のチューニングに関しては古来多くの方法が提案されている．ここでは最も有名なものの1つである**ジーグラ・ニコルス法** [Ziegler-Nichols (Z. N) 法] について説明する．Ziegler-Nichols (Z. N) 法には**限界感度法**と**ステップ応答法**の2つがある．いずれも応答波形の減衰比に着目し，これを 1/4 になるようにチューニングするものである．

7.2.1 限界感度法

この方法は次の手順で行う．

① 積分時間 T_I を最大にして，比例動作だけにする．
② 比例ゲイン K_P を上げていく（すなわち比例帯 PB を小さくしていく）．
③ ゲインを上げていくと，ある点 $K_P = K_u$ で持続振動が起きるので，そのときのゲイン K_u と，振動周期 P_u を記録する．
④ 表 7.1 に従って PID パラメータを決める．

表 7.1　限界感度法によるパラメータ調整

	$K_P(100/PB)$	T_I	T_D
P 制御の場合	$0.5K_u$		
PI 制御の場合	$0.45K_u$	$0.83P_u$	
PID 制御の場合	$0.6K_u$	$0.5P_u$	$0.125P_u$

この表は PID 制御の性格をよく表している．すなわち表をよく観察すると，次のことが読み取れる．

① PI 制御の場合，P 制御のときより比例ゲインは弱くする．
 　（I 動作が加わるのでゲインを弱くしないと不安定になる）
② 振動周期に比例して積分時間 T_I を長くする．（積分動作は弱くする）

③ PID 制御の場合 PI 制御のときより比例ゲイン，積分ゲイン共に強くする（K_P を上げ，T_I は短くする）．
   (D 動作が加わるので位相遅れが少なくなり，安定性が増す)
④ 微分時間 T_D は積分時間 T_I の 1/4 とする．

では限界感度法に従ってパラメータのチューニングを行ってみよう．制御対象の特性が，

$$G(s) = e-0.2s/(1+5s)^3 \tag{7.5}$$

の場合についてシミュレーションをする．

ゲインを上げていくと $K_P=8.5$ で図 7.4(a) の持続振動が起きた．周期を読み取るとおよそ $P_u=18$ sec. である．そこで，表 7.1 から PI 制御のパラメータを求めると，

$$K_P = 8.5 \times 0.45 = 3.8, \qquad T_I = 18 \times 0.83 \doteqdot 15$$

となる．この値を使ってステップ外乱に対する応答をシミュレーションしてみると図(b)のようになった．また，設定値に対するステップ応答をシミュレーションしてみると図(c)のようになった．いずれの場合も 1/4 減衰よりは，やや減衰が遅い．ジーグラ・ニコルス法はどの場合にも必ず 1/4 減衰が得られるわけではないので，ひとつの目安と考えた方がよさそうである．

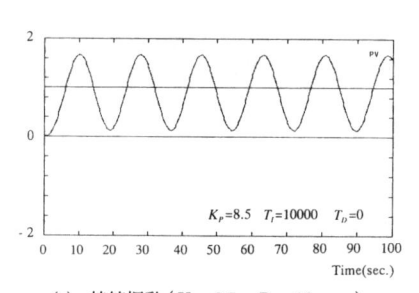

(a) 持続振動 ($K_P=8.5$, $P_u=18$ sec.)

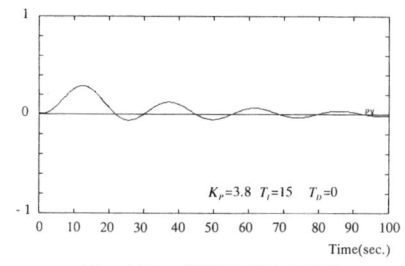

(b) ステップ外乱に対する応答

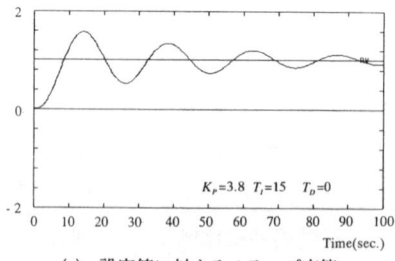

(c) 設定値に対するステップ応答

図 7.4 限界感度法による PI 制御のチューニング

次に，表7.1からPID制御のパラメータを求めると，

$K_P = 8.5 \times 0.6 \fallingdotseq 5.1$, $\quad T_I = 18 \times 0.5 = 9$, $\quad T_D = 18 \times 0.125 \fallingdotseq 2.25$

となる．この値を使ってステップ外乱に対する応答をシミュレーションしてみると図7.5(a)のようになる．これは大体1/4減衰になっている．

また，設定値に対するステップ応答をシミュレーションしてみると(b)のようになった．こんどは1/4減衰よりはやや減衰が遅い．基本型PID制御の場合は前に述べたように外乱応答にくらべ，設定値に対するステップ応答の方が振動気味になる．

(a) ステップ外乱に対する応答　　(b) 設定値に対するステップ応答

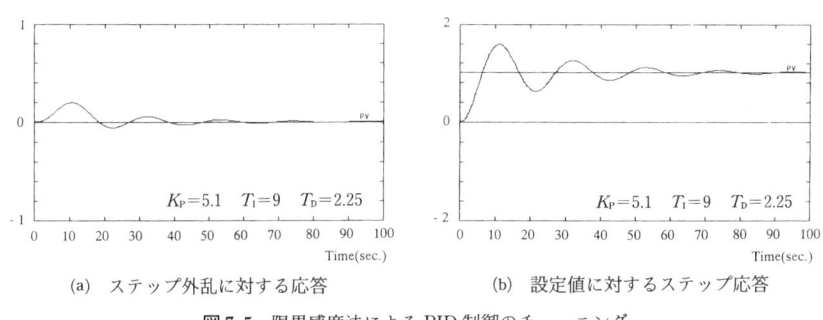

図7.5　限界感度法によるPID制御のチューニング

図7.4と図7.5をくらべると分かるように，ステップ外乱に対する応答，設定値変更に対する応答のいずれに対しても，PID制御の方がPI制御より応答がわずかではあるが改善されている．これは，前述のように，D動作を加えることにより系がより安定になるので，それだけ，比例動作，積分動作を強くすることができるからである．

7.2.2　ステップ応答法

ジーグラ・ニコルスの第2の方法はプロセス・ダイナミックスを図7.6に示すようにむだ時間と応答の速さで表し，それからPIDパラメータを求めるものである．これをステップ応答法という．すなわち図7.6のように，応答曲線の変曲点で接線を引き，それが時間軸と交差する点までの時間をLとし，接線の傾斜を$R(=K/T)$とし，最適パラメータを表7.2から求める．

ここで，プロセスが定位性の場合は図7.7に示すように，傾斜Rは

図7.6 プロセスのステップ応答　　　　図7.7 定位性プロセスの応答

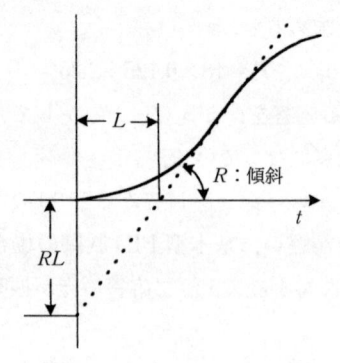

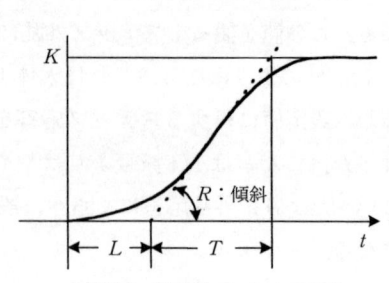

表7.2 ステップ応答法によるパラメータ調整

	$K_P(100/PB)$	T_I	T_D
P制御の場合	$\dfrac{1}{RL}$		
PI制御の場合	$\dfrac{0.9}{RL}$	$3.3L$	
PID制御の場合	$\dfrac{1.2}{RL}$	$2L$	$0.5L$

$R=K/T$ となるので，これを使って表を書き直すと表7.3のようになる．

表7.3 ステップ応答法によるパラメータ調整（定位性プロセスの場合）

	$K_P(100/PB)$	T_I	T_D
P制御の場合	$\dfrac{T}{KL}$		
PI制御の場合	$\dfrac{0.9T}{KL}$	$3.3L$	
PID制御の場合	$\dfrac{1.2T}{KL}$	$2L$	$0.5L$

この表からも，限界感度法の表について述べたこととまったく同様なことがいえる．さらに，T と L の関係について次のことを述べている．

① むだ時間 L と時定数 T の比 L/T が大きくなるほど比例ゲインは弱くしなければならない．
（むだ時間が長いと系は不安定になり易いのでゲインを大きくできない）

② むだ時間 L に比例して積分時間 T_I を長くしなければならない．
（積分動作を強くはたらかせることができない）

ステップ応答法に従ってパラメータのチューニングをシミュレーションしてみるとなかなかジーグラー・ニコルスのいうような結果が得られない．ジーグラー・ニコルスは実験で最適値を求めているが，制御対象の特性などが明らかでないので，単純に比較することができない．したがって，ジーグラー・ニコルス法はその値だけをみるのではなく，上記の考え方を参考にし，値そのものは1つの目安とした方がよいと考える．

7.3 CHR 法

これまで最も古くから知られているジーグラ・ニコルス法について述べてきたが，これ以外にも多くのチューニング法が提案された．すべてを紹介することはできないが，もう1つ Chien, Hrones and Reswick により提案された方法をあげておく．これはこの3名の頭文字をとって**CHR法**といわれる．設定値変化および外乱に対して，それぞれ「オーバーシュートなし」，および「オーバーシュート20%」の場合に最も応答が速くなるパラメータを求めている．図7.7と同じように求めたステップ応答のパラメータから，表7.4にもとづきパラメータを決める．

設定値変更に対する積分時間を決める際，L とは無関係に T の値のみを使っている点が不思議な気がする．また，ジーグラー・ニコルス法では微分時間を積

表7.4 CHR法によるチューニング方法
(K：プロセスゲイン，T：時定数，L：むだ時間)

制御目標	制御モード	比例ゲイン K_P	積分時間 T_I	微分時間 T_D	オーバーシュート
設定値変更	P	$0.3T/KL$	—	—	なし
	PI	$0.35T/KL$	$1.2T$	—	
	PID	$0.6T/KL$	T	$0.5L$	
	P	$0.7T/KL$	—	—	20%
	PI	$0.6T/KL$	T	—	
	PID	$0.95T/KL$	$1.35T$	$0.47L$	
外乱	P	$0.3T/KL$	—	—	なし
	PI	$0.6T/KL$	$4L$	—	
	PID	$0.95T/KL$	$2.4L$	$0.4L$	
	P	$0.7T/KL$	—	—	20%
	PI	$0.7T/KL$	$2.3L$	—	
	PID	$1.2T/KL$	$2L$	$0.42L$	

分時間の 1/4 にしているが，CHR 法では積分時間と微分時間の比は一定ではない．

7.4 試行錯誤法

試行錯誤法などは 1 つの手法として認められないかも知れない．しかし，PID 制御のよさの 1 つは現場でのチューニングができることにある．PID 制御の各モードのはたらきについては第 5 章で述べたが，ここでは PID 各パラメータが制御性にどう効くか，もう一度考察しよう．

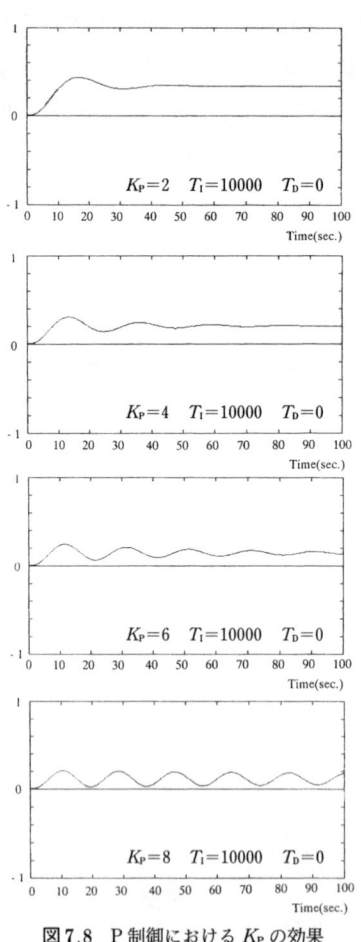

図 7.8 P 制御における K_P の効果

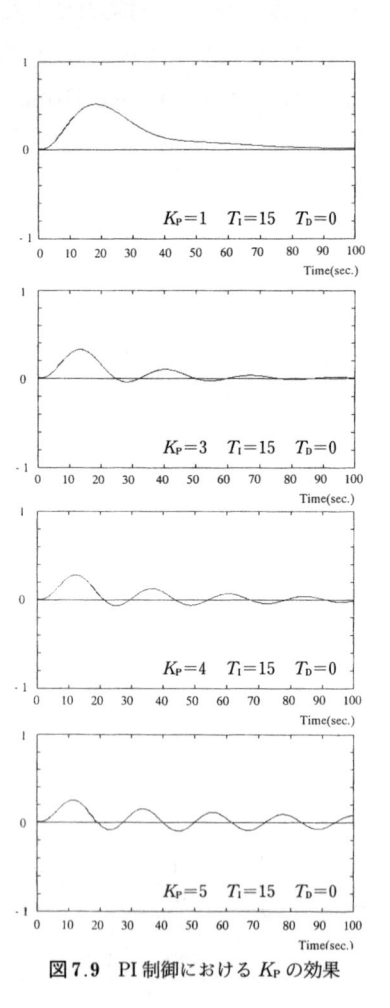

図 7.9 PI 制御における K_P の効果

7.4.1 比例ゲインの効果

(1) P 制 御

比例動作のみで制御しているとき，比例ゲイン $K_P(=100/PB)$ を変化させるとどうなるだろうか．図7.8は K_P を次第に大きくしていったときのステップ外乱に対する応答である．オフセットはだんだん小さくなるが，あまり K_P をあげると限界振動法でも出てきたように，振動が発生する．

(2) PI 制 御

次にPI制御のとき同じことをするとどうなるだろうか．図7.9は T_I を一定にして，K_P を次第に大きくしていったときの外乱に対する応答である．K_P が小

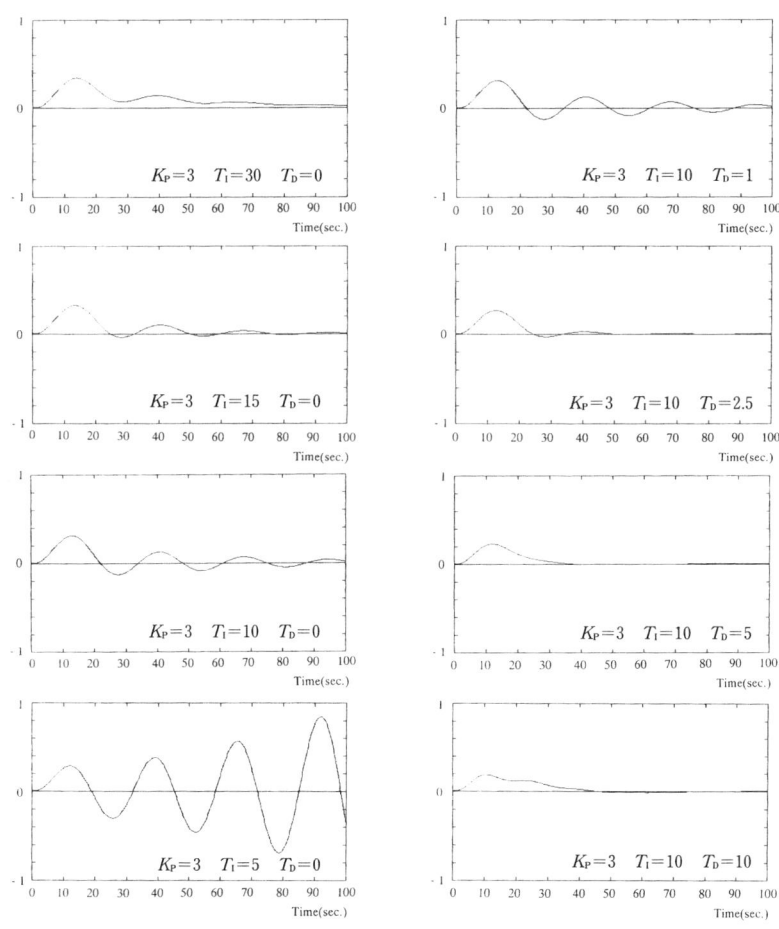

図7.10 PI制御における T_I の効果

図7.11 PID制御における T_D の効果

さいときはI動作でゆっくり引き戻していたのが，K_Pが大きくなるにつれ，動きが速くなる．K_Pをもっと大きくしていくと振動的になり，その周期が短くなっていく．しかし，積分動作もはたらいているので，よくみると振動の中心はゆっくりゼロに近づいており，オフセットは残らない．

7.4.2 積分時間 T_I の効果

今度はPI制御で，K_Pを一定にして積分時間T_Iを小さくしていってみよう．図7.10に示すように，T_Iが小さくなるにつれ，早く設定値まで引き戻そうとする．しかし，同時に振動的になっていき，ついには発散してしまう．

7.4.3 微分時間 T_D の効果

次に，PID制御で，微分時間T_Dがどうはたらくか観察してみよう．図7.11はPI制御で振動的になりかけた場合に微分動作を加え，T_Dを変えていったものである．T_Dが大きくなると積分動作による振動を抑えていることがわかる．ただし，あまり微分動作を効かせてもそれ以上はよくならず，かえって速い周期の振動が発生することになる．

〔注意〕 微分動作は安定度をあげるのによい効果があるが，高周波でのループゲインを高くし，ノイズを拡大し易いので注意を要する．実用面ではノイズが少なく応答の遅い温度制御に最も多く使われる．流量制御，圧力制御，液位制御には使われない．

7.4.4 ま と め

K_P，T_I，T_Dがどのように効くかシミュレーションでみてきた．終わりにこれをまとめておこう．

(1) 比例ゲイン

K_Pだけを上げていくと：
① オフセットは減少する．
② 応答曲線の周期が短くなる．
③ K_Pを上げ過ぎると不安定になる．

---

(2) 積分動作

> T_I だけを小さくしていくと：
> ① オフセットはなくなる．
> ② 設定値への回復速度が速くなる．
> ③ T_I を小さくし過ぎると不安定になる．

(3) 微分動作

> T_D だけを大きくしていくと：
> ① 安定度がよくなる．
> ② 振動周期が短くなる．

演 習 問 題

7.1 ジーグラ・ニコルスの限界感度法を用いてコントローラのパラメータをチューニングする．P動作のみにして比例ゲインを上げていったら $PB=40\%$ で周期 64 sec. の限界振動が発生した．
　① PI コントローラの最適パラメータを求めよ．
　② PID コントローラの最適パラメータを求めよ．

7.2 $K=1$, $T=50\,\text{sec.}$, $L=20\,\text{sec.}$ のプラントに対して，ジーグラ・ニコルスのステップ応答法と CHR 法を使用して，外乱入力に対する PI コントローラのパラメータを求めよ．

8 複合ループ制御

　複数のループを組み合わせることにより，よい制御ができる場合がある．

　温度制御をするのに，まず温度が希望通りになるように燃料流量の設定値を与え，次に燃料の流量がその設定値になるように制御弁を制御する方法がある．このように2段にわたって制御する方式を**カスケード制御**という．

　また，燃焼制御などの際，まず空気と燃料の比率が一定になるように制御し，必要に応じてこの比率を変えることが有効である．このような方式を**比率制御**という．

　1つのラインのなかの流量と圧力のように，複数の変数を同時に制御したいとき，この変数が互いに干渉しあって制御性を悪くする場合がある．干渉の度合いを評価して，場合によっては，この干渉を打ち消すような制御方法をとることもある．このような方式を**非干渉制御**という．

8.1　カスケード制御

　図8.1はガスを燃焼させて水の温度を制御する系である．ただし，図中に○で表されているTC1は温度制御（temperature control）用コントローラである．温度制御には図に示す系で十分なはずである．温度が低ければ制御弁の開度を大きくし，温度が高ければ制御弁の開度を小さくすればよい．しかし実際には図8.2のように流量制御（flow control）用コントローラFC1を使用して，2段階で制御することが多い．

　このように構成された制御系を**カスケード制御系**（cascade control system）という．

　また，上位にある温度制御系TC1を1次ループといい，下位にある流量制御系FC1を2次ループという．そして，この構成の特徴は，1次ループTC1の操作出力が2次ループFC1の設定値となっていることである．

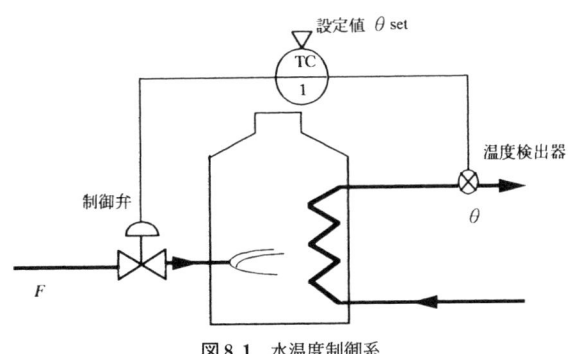

図8.1 水温度制御系

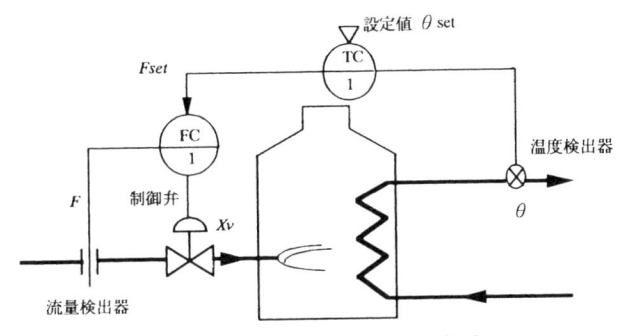

図8.2 水温度制御のカスケード制御系

　この方式のメリットは2次ループ内に発生する外乱を2次ループで吸収してしまうことにある．

　たとえば，燃料ラインの元圧が変化したとしよう．すると，2次ループは制御弁開度を調整し，流量が変化しないようにする．したがって，温度には何の影響も与えない．

　もし，2次ループのない図8.1の系を使用すると，燃料ラインの元圧が変化すれば，燃料流量が変化し，温度の変化として現れる．そこではじめて温度制御がはたらき，温度を一定に保つように制御弁を操作する．一般に温度として現れるまでには時間がかかるので，この系が再び落ちつくまでに時間がかかってしまう．

　このように，流量変化の原因となる外乱を，温度変化として現れるまで待つのはよくないので，その前に制御してしまうのが，カスケード制御の特長である．

　また，制御弁開度と流量は比例せず，非線形な特性をもつことが多い．しか

し，カスケード制御を使うと，この非線形性も2次ループの中で吸収されるので，1次ループからみたとき制御弁の位置によるループゲインの変化は少なくなる．

図8.2の制御系を解析するためにブロック図で表すと，図8.3のようになる．外乱 V_2 は2次ループのなかで制御されることが図から分かる．

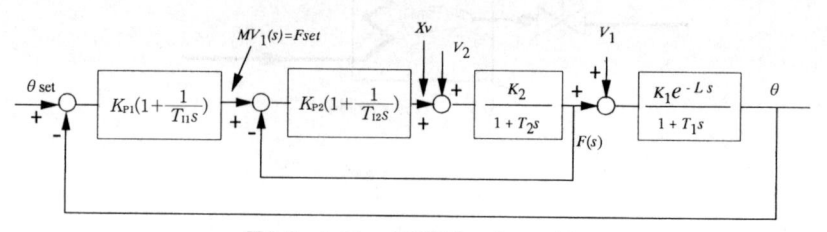

図8.3 カスケード制御系のブロック図

2次ループの調節計にPI調節計を使用することにして，2次ループの伝達関数を $G_2(s)=F(s)/MV_1(s)$ とすると，図から次のようになる．

$$G_2(s)=\frac{K_{P2}\left(1+\dfrac{1}{T_{I2}s}\right)\dfrac{K_2}{1+T_2s}}{1+K_{P2}\left(1+\dfrac{1}{T_{I2}s}\right)\dfrac{K_2}{1+T_2s}}=\frac{K_{P2}\left(1+\dfrac{1}{T_{I2}s}\right)K_2}{1+T_2s+K_{P2}\left(1+\dfrac{1}{T_{I2}s}\right)K_2}$$

$$=\frac{K_{P2}(1+T_{I2}s)K_2}{(1+T_2s)T_{I2}s+K_{P2}(1+T_{I2}s)K_2}$$

$$=\frac{(1+T_{I2}s)K_2}{\dfrac{(1+T_2s)T_{I2}s}{K_{P2}}+(1+T_{I2}s)K_2} \tag{8.1}$$

(8.1)式から分かるように，K_{P2} が大きいとき $G_2(s)$ は1に近くなる．つまり，K_{P2} が大きくとれるときは応答が改善される．

カスケード制御のポイントをまとめると次のようになる．

カスケード制御は
① 2次ループの中の外乱や非線形性を抑制する．
② 2次ループの応答性をよくすることにより系全体の応答を改善する．

③ 1次ループにくらべ，2次ループの応答が速いときに効果を発揮する．たとえば1次ループが温度，2次ループが流量という場合に効果がある．

8.2 比 率 制 御

ガスを燃焼させる場合にはガス流量に比例した空気が必要である．したがって，図8.4のようにガス流量に一定の係数を掛けたものを空気の設定値とする手法がよく用いられる．これを**比率制御**（ratio control）という．この手法は明快であり，制御理論上の問題点はほとんどない．実際には下記のように，多少のバリエーションがある．図8.5は測定値に一定の比率を掛ける場合である．

図8.6は手動設定器があり，それにそれぞれの比率を掛けて設定値とする場合である．燃料と空気を一定比率で与えるのであるが，排気ガスの含まれる炭酸ガスの量をより正確に制御したい場合は図8.7のように，フィードバックを掛けて比率を変更する．これもよく使われるやり方である．

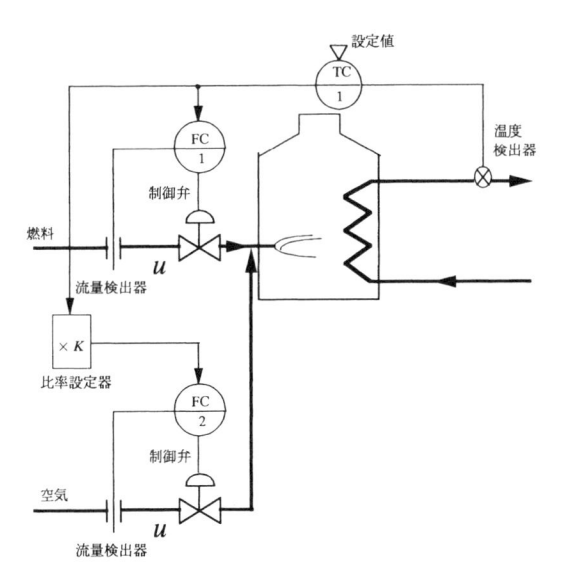

図8.4 ガス流量と空気量の比率制御 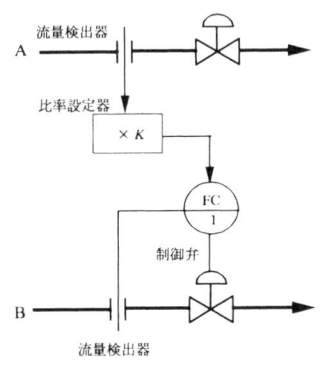　　　図8.5 測定値を基準とする比率制御

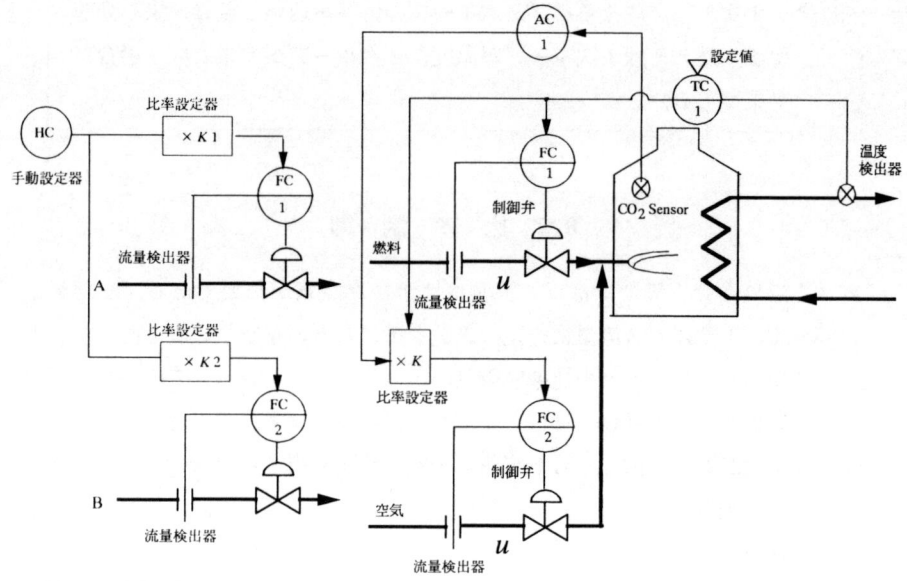

図 8.6 手動設定器の値の分配　　図 8.7 フィードバックにより比率を変更

8.3 非干渉制御

8.3.1 制御ループの干渉

　制御しなければならない変数が 2 つ以上あるとき，これらが互いに干渉している場合がある．たとえば図 8.8 に示すプロセスで，圧力と流量の 2 つを制御しなければならない場合を考える．

　バルブ V_a を操作して圧力を制御すると，流量の方も動いてしまう．逆にバルブ V_b を操作して流量を制御しようとすると，圧力の方も動いてしまう．一種の追いかけっこのようなことになり，場合によってはなかなか収束しないことが起こりうる．このような現象を制御系の**相互干渉**という．図 8.9 は別の例である．2 種類の液を混合してある濃度の液体にする場合，濃度と全体流量を図のような系で制御すると相互干渉が起こる．バルブ V_a で流量を操作すると，濃度の方も動き，バルブ V_b で濃度を操作すると，流量の方も動いてしまう．

　相互干渉があるといつも制御がうまくいかないかというと必ずしもそうではないが，悪い影響を与えることがあるので注意を要する．

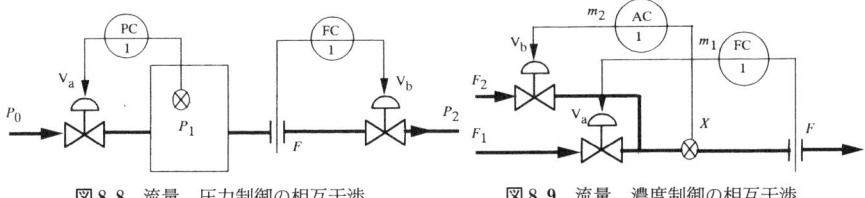

図8.8 流量,圧力制御の相互干渉　　**図8.9** 流量,濃度制御の相互干渉

　図8.9の流量,濃度制御系の相互干渉についてもう少し定量的に調べてみよう．記号は図の通りとする．簡単のため，ダイナミクスは無視して系が平衡状態にあるときを考えると次の関係がなりたつ．

$$F = F_1 + F_2 \tag{8.2}$$

$$X = \frac{F_1}{F_1 + F_2} \tag{8.3}$$

F_1, F_2 が少し変化したとき F, X がどうなるかという関係は全微分の形で次のようになる．

$$dF = \frac{\partial F}{\partial F_1} dF_1 + \frac{\partial F}{\partial F_2} dF_2 \tag{8.4}$$

$$dX = \frac{\partial X}{\partial F_1} dF_1 + \frac{\partial X}{\partial F_2} dF_2 \tag{8.5}$$

$\frac{\partial F}{\partial F_1}$, $\frac{\partial F}{\partial F_2}$, $\frac{\partial X}{\partial F_1}$, $\frac{\partial X}{\partial F_2}$ をそれぞれ g_{11}, g_{12}, g_{21}, g_{22} とおくと，

$$dF = g_{11} dF_1 + g_{12} dF_2 \tag{8.6}$$

$$dX = g_{21} dF_1 + g_{22} dF_2 \tag{8.7}$$

となり，g_{12}, g_{21} が干渉の強さを表すゲインである．g_{11}～g_{22} は(8.2),(8.3)式から求められる．

$$g_{11} = \frac{\partial F}{\partial F_1} = 1 \tag{8.8}$$

$$g_{12} = \frac{\partial F}{\partial F_2} = 1 \tag{8.9}$$

$$g_{21} = \frac{\partial X}{\partial F_1} = \frac{F_2}{(F_1 + F_2)^2} \tag{8.10}$$

$$g_{22} = \frac{\partial X}{\partial F_2} = -\frac{F_1}{(F_1 + F_2)^2} \tag{8.11}$$

(8.6),(8.7)式の関係を制御系を含め図示すると図8.10のようになる．

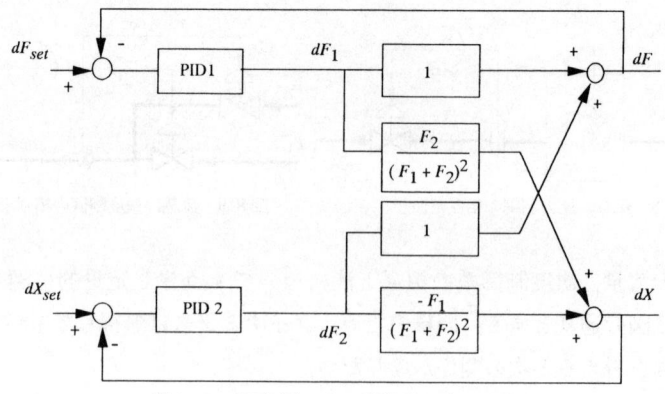

図8.10 相互干渉のある制御系のブロック図

8.3.2 干渉ゲイン

前にも述べたように干渉のあるプロセスはすべて制御が困難であるとは限らない．ここでは干渉の強さを定量化することを考える．

図8.10の記号をもう少し一般化して書き直したものが図8.11である．

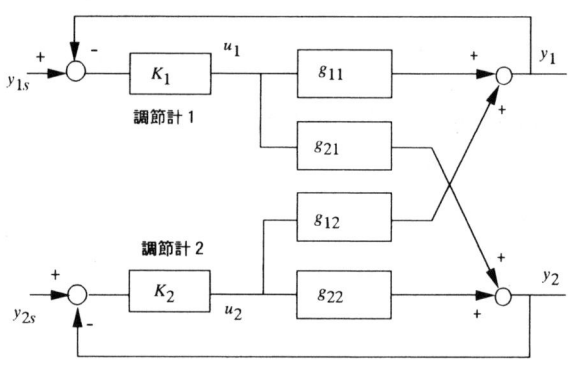

図8.11 相互干渉のある制御系

干渉の強さは次のように評価することができる．

> 調節計1を取り除き，u_1からy_1までの伝達特性を考える．この場合，調節計2が切り離されているときと，接続されているときの比をとり**干渉ゲイン** λ_{11} と定義する．

第2の制御ループがはたらいているときと，はたらいていないときをくらべて

8.3 非干渉制御

干渉の強さとしようというのであるから，きわめて分かり易いといえる．

では具体的にこの干渉ゲインを求めてみよう．

(1) 調節計2が切り離されている場合，u_1からy_1までの伝達特性を$y_1/u_1|_{\text{open}}$と書くと明らかに，

$$y_1/u_1|_{\text{open}} = g_{11} \tag{8.12}$$

である．

(2) 次に，図8.12に示すように調節計2を接続して，そのときのu_1からy_1までの伝達特性を$y_1/u_1|_{\text{close}}$と書くと，

$$y_1/u_1|_{\text{close}} = g_{11} - g_{21}\frac{k_2}{1+k_2 g_{22}}g_{12} = g_{11} - \frac{g_{21}k_2 g_{12}}{1+k_2 g_{22}} \tag{8.13}$$

この式の第2項が干渉により生じる項であり，第1項にくらべて大きいほど干渉が強いことになる．そこで，調節計2の有無の場合の比をとると干渉ゲインは，

$$\lambda_{11} = \frac{y_1/u_1|_{\text{open}}}{y_1/u_1|_{\text{close}}} = \frac{g_{11}}{g_{11} - \dfrac{g_{21}k_2 g_{12}}{1+k_2 g_{22}}} = \frac{g_{11}}{g_{11} - \dfrac{g_{21}g_{12}}{1/k_2 + g_{22}}} \tag{8.14}$$

となる．

ここで，調節計2のゲインが十分高いと考えて，$k_2 = \infty$とおくと，$1/k_2 = 0$と

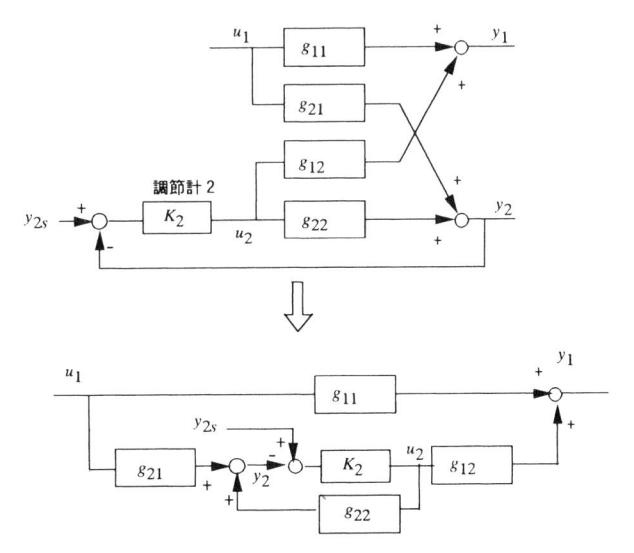

図8.12 調節計2を接続したときの$u_1 \to y_1$伝達特性

なるので，(8.14) 式は

$$\lambda_{11} = \frac{g_{11}g_{22}}{g_{11}g_{22} - g_{21}g_{12}} \tag{8.15}$$

となる．

(8.15) 式は $u_1 \to y_1$ の伝達特性に対し，他方のループが与える干渉の強さを表したものであるが，同様にして，他の組み合わせ $u_1 \to y_2$, $u_2 \to y_1$, $u_2 \to y_2$ に対しても干渉ゲインが計算できる．

$$\lambda_{12} = \frac{-g_{12}g_{21}}{g_{11}g_{22} - g_{21}g_{12}} \tag{8.16}$$

$$\lambda_{21} = \frac{-g_{12}g_{21}}{g_{11}g_{22} - g_{21}g_{12}} \tag{8.17}$$

$$\lambda_{22} = \frac{g_{11}g_{22}}{g_{11}g_{22} - g_{21}g_{12}} \tag{8.18}$$

これらを次のようにマトリクスに書いたものを**干渉ゲインマトリクス**という．

	u_1	u_2
y_1	λ_{11}	λ_{12}
y_2	λ_{21}	λ_{22}

(8.15)～(8.18) 式から分かるように λ_{11}～λ_{22} の間には次の関係がなりたつ．

$$\lambda_{11} = \lambda_{22} \tag{8.19}$$

$$\lambda_{12} = \lambda_{21} \tag{8.20}$$

$$\lambda_{11} + \lambda_{12} = 1 \tag{8.21}$$

$$\lambda_{21} + \lambda_{22} = 1 \tag{8.22}$$

したがって，4つのうち，どれか1つ求めれば後は簡単に求められることになる．

上にあげた流量，濃度制御系の例題について求めると，(8.8)～(8.11) 式から

$$\lambda_{11} = \frac{-\dfrac{F_1}{(F_1+F_2)^2}}{-\dfrac{F_1}{(F_1+F_2)^2} - \dfrac{F_2}{(F_1+F_2)^2}} = \frac{F_1}{F_1+F_2} = X \tag{8.23}$$

となる．したがって (8.19)～(8.22) 式の関係を使うと

$$\lambda_{12} = 1 - \lambda_{11} = 1 - X \tag{8.24}$$

$$\lambda_{21} = \lambda_{12} = 1 - X \tag{8.25}$$

8.3 非干渉制御

$$\lambda_{22} = \lambda_{11} = X \tag{8.26}$$

であるからゲインマトリクスは

	F_1	F_2
F	X	$1-X$
X	$1-X$	X

となる．数値を入れてみよう．いま，平衡状態で $F_1=6$, $F_2=4$ であるとしよう．(8.3) 式から $X=6/(6+4)=0.6$ であるから

	F_1	F_2
F	0.6	0.4
X	0.4	0.6

この値は次のようにみることができる．F_1 を操作すると，F の方が X より大きく影響される．F_2 を操作すると，X の方が F より大きく影響される．したがって，全体流量 F を制御するには F_1 を操作し，濃度 X を制御するには F_2 を操作するのがよい．

そして，これにもとづき操作量と制御量の組み合わせを (F_1, F), (F_2, X) とした場合，$\lambda_{21}=\lambda_{12}=0.4$ が干渉の強さを表している．

8.3.3 非干渉制御

干渉のあるプロセスでも，独立した制御ループとして別々に制御する場合が多い．不安定にならないように PID パラメータをチューニングして制御するのである．現実のプロセスでは，全体的にゲインを弱くしたり，一方のループだけ弱めにチューニングすることにより，干渉の影響を避けている場合がほとんどと思われる．

ここでは積極的に干渉を取り去る方法について述べる．その１つの方法を図 8.13 に示す．**非干渉項** C_1, C_2 を挿入することにより，干渉を打ち消すのである．図において調節計１の出力 m_1 でプラントを操作するとき，同時に $C_2 m_1$ なる信号を第２の制御ループへ加えることにより，第１のループが与えるであろう干渉を先回りして打ち消してしまうのである．同様に，調節計２の出力 m_2 でプラントを操作するとき，同時に $C_1 m_2$ なる信号を第１の制御ループへ加えること

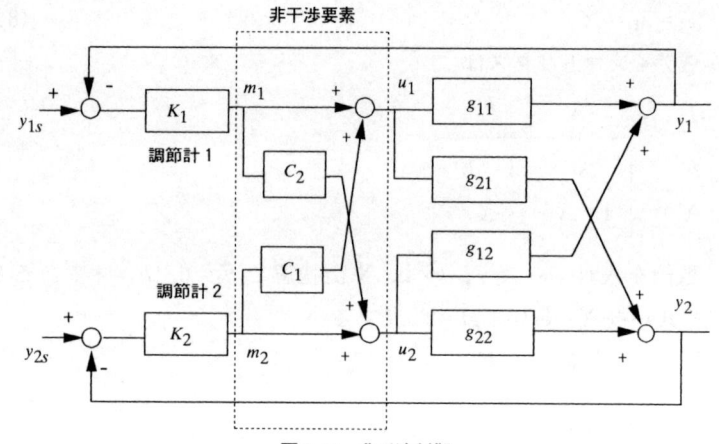

図 8.13 非干渉制御

により，第 2 のループが与えるであろう干渉を打ち消してしまう．このようなやり方を**非干渉制御**という．

では，この非干渉項 C_1，C_2 をどのようにして決めるのであろうか．図から，m_1，m_2，u_1，u_2，y_1，y_2 の間には次の関係がなりたつ．

$$u_1 = m_1 + C_1 m_2 \tag{8.27}$$

$$u_2 = C_2 m_1 + m_2 \tag{8.28}$$

$$y_1 = g_{11} u_1 + g_{12} u_2 \tag{8.29}$$

$$y_2 = g_{21} u_1 + g_{22} u_2 \tag{8.30}$$

(8.27)，(8.28) を (8.29)，(8.30) 式に代入して u_1，u_2 を消去すると，

$$\begin{aligned} y_1 &= g_{11}(m_1 + C_1 m_2) + g_{12}(C_2 m_1 + m_2) \\ &= (g_{11} + g_{12} C_2) m_1 + (g_{11} C_1 + g_{12}) m_2 \end{aligned} \tag{8.31}$$

$$\begin{aligned} y_2 &= g_{21}(m_1 + C_1 m_2) + g_{22}(C_2 m_1 + m_2) \\ &= (g_{21} + g_{22} C_2) m_1 + (g_{21} C_1 + g_{22}) m_2 \end{aligned} \tag{8.32}$$

となる．干渉がなくなるためには，

$$g_{11} C_1 + g_{12} = 0 \tag{8.33}$$

$$g_{21} + g_{22} C_2 = 0 \tag{8.34}$$

でなければならない．したがって，C_1，C_2 は

$$C_1 = -g_{12}/g_{11} \tag{8.35}$$

$$C_2 = -g_{21}/g_{22} \tag{8.36}$$

である．これらを (8.31)，(8.32) 式に代入すると，

$$y_1 = (g_{11} - g_{12}g_{21}/g_{22})m_1 \tag{8.37}$$
$$y_2 = (g_{22} - g_{12}g_{21}/g_{11})m_2 \tag{8.38}$$

となる．y_1 は m_1 のみの関数となり，y_2 は m_2 のみの関数となっているので非干渉化されていることがわかる．図 8.14 に示すように，独立した 2 つの制御ループがあるのと等価である．

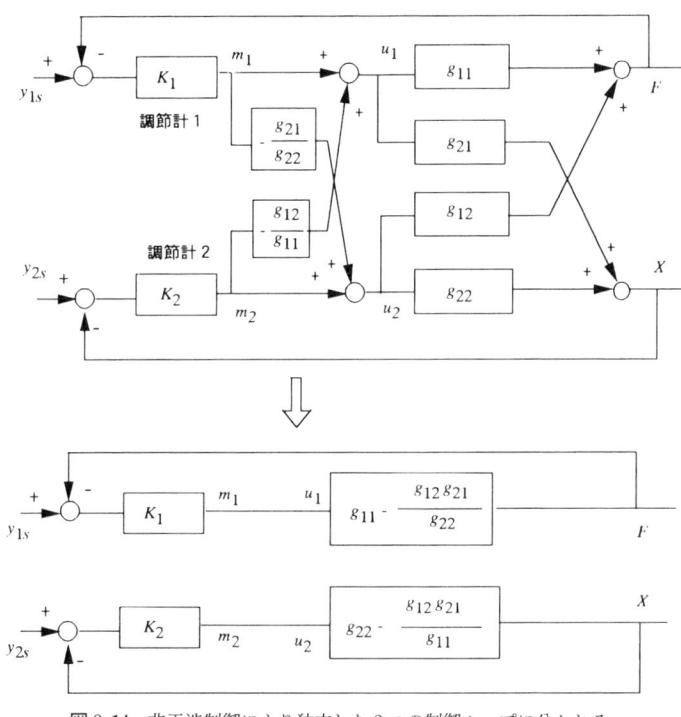

図 8.14 非干渉制御により独立した 2 つの制御ループに分かれる

ただし，ここで注意しておかなければならないことがある．(8.37)，(8.38) 式において，

$$g_{11} - g_{12}g_{21}/g_{22} = 0$$
$$g_{22} - g_{12}g_{21}/g_{11} = 0$$

すなわち，

$$g_{11}g_{22} - g_{12}g_{21} = 0 \tag{8.39}$$

となる場合はゲインが 0 となり，いくら m_1，m_2 を操作しても y_1，y_2 は変化しないので，制御はできない．

[例題 8.1]

流量,濃度制御系に非干渉制御を適用し,非干渉項を求めよ.

[解答] (8.8)〜(8.11) 式で求めたプロセスの伝達関数をもう一度書くと次の通りであった.

$$g_{11} = \frac{\partial F}{\partial F_1} = 1 \tag{8.40}$$

$$g_{12} = \frac{\partial F}{\partial F_2} = 1 \tag{8.41}$$

$$g_{21} = \frac{\partial X}{\partial F_1} = \frac{F_2}{(F_1+F_2)^2} \tag{8.42}$$

$$g_{22} = \frac{\partial X}{\partial C_2} = -\frac{F_1}{(F_1+F_2)^2} \tag{8.43}$$

(8.35),(8.36) 式から非干渉項を求めると,

$$C_1 = -g_{12}/g_{11} = -1 \tag{8.44}$$

$$C_2 = -g_{21}/g_{22} = F_2/F_1 \tag{8.45}$$

したがって,制御系全体のブロック図は図 8.15 のようになる.この図から確かに非干渉化されていることが分かる.たとえば,m_1 を1だけ操作すると,u_1,X のルートを通りプロセスに,

$$F_2/(F_1+F_2)^2 \tag{8.46}$$

の大きさの干渉を与える.一方,m_1,u_2,X のルートを通る非干渉項は,

$$-(F_2/F_1) \times F_2/(F_1+F_2)^2 = -F_2/(F_1+F_2)^2 \tag{8.47}$$

の大きさの信号を y_2 に与えるので,干渉を打ち消している.

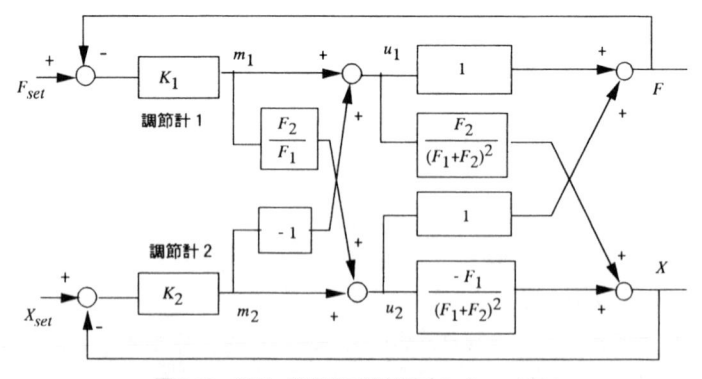

図 8.15 流量,濃度非干渉制御系のブロック図

8.3 非干渉制御

m_2 を操作した場合も同様に干渉を打ち消している．

[例題 8.2] ─────────────────────────

上で求めた流量，濃度制御系を制御ループ図に描き，その物理的意味を考えよ．

───────────────────────────────

[解答] 図 8.15 のブロック図が，確かに非干渉制御になっていることは分かったであろう．しかし，ここで考えるのを止めないでほしい．ここまでは，ある意味で数学の世界の話である．実際に計装図面に書き入れて，納得して，初めて現実の世界のものとなる．

非干渉を図 8.9 の制御系に書き入れると図 8.16 のようになる．

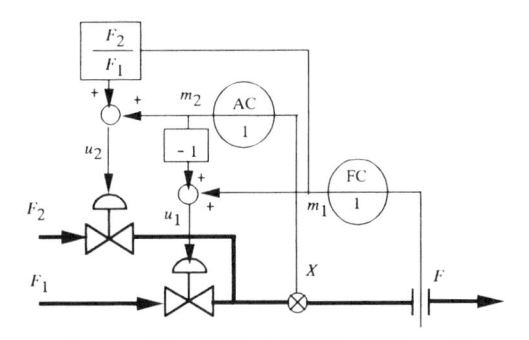

図 8.16 流量，濃度非干渉制御系の制御ループ図

これはむろんブロック図で書いたものと同じものであるが，こうして書いてみるとまた違った見方ができる．

制御系 AC 1 が出力を増やし F_2 を増加させるのと同じ量だけ F_1 を減少させる．したがって，全体の流量は変わらないので流量制御系 FC 1 には影響を与えない．

一方，FC 1 が出力を増やし F_1 を増加させると F_2/F_1 の比を変えないように F_2 も増加させる．F_2/F_1 の比を変えないのであるから濃度制御系 AC 1 に影響を与えることもなく，干渉は起きない．

演習問題

8.1 図 E 8.1 において

$$g_{11} = \frac{1}{1+20s}, \quad g_{12} = \frac{-0.8}{1+30s}$$

$$g_{21} = \frac{1.2}{1+60s}, \quad g_{22} = \frac{2.5}{1+25s}$$

のとき，干渉ゲインマトリクスを求めよ．

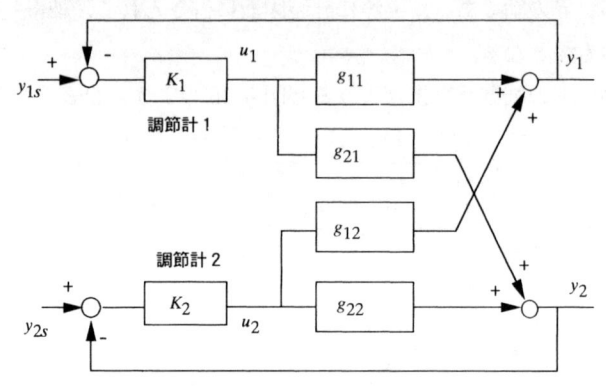

図 E 8.1　干渉のあるシステム

8.2 上記のプラントを図 E 8.2 のように非干渉化するとき，C_1, C_2 を求めよ．

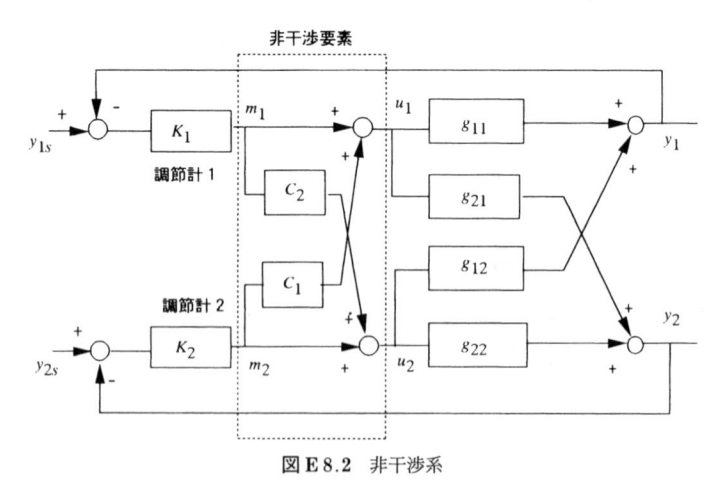

図 E 8.2　非干渉系

9 フィードフォワード制御

フィードフォワード制御は先回り制御とでもいうべき制御である．**外乱**が制御量におよぼす影響があらかじめ分かっているときは，影響が現れる前にそれを打ち消すように操作してやればよい．

そのためには制御対象の動作を表す**モデル**が必要である．そのモデルの精度が高ければたいへんよい制御ができるが，実際には精度の高いモデルをつくることは容易ではない．また，外乱の要因も複数存在することが多い．したがって，フィードフォワード制御は単独では使用せず，フィードバック制御と組み合わせて使用するのが普通である．

9.1 フィードフォワード制御とは

フィードバック制御は，制御変数が目標値からずれたらそれを修正する制御方式である．ある状況のもとで，将来偏差が出ることが分かっていたとしても，それが生じない限り何もしない．しかし，もし事前に予防できるものなら未然に防ぐ方がいい．それをするのがフィードフォワード制御である．

これまでに何度か出てきた水の温度制御をもう一度考えよう．前章で図9.1のようなカスケード制御がよく使われることを説明した．

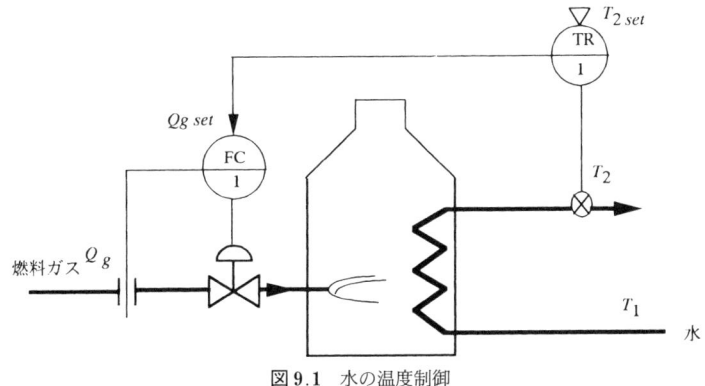

図 9.1 水の温度制御

9 フィードフォワード制御

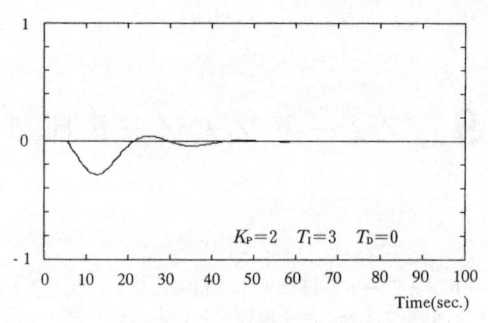

$K_P=2$　$T_I=3$　$T_D=0$

図 9.2　流量のステップ変化に対する温度変化

　系がバランス状態にあるとき，仮に水の流量が 10% 増加したとする．すると，これが外乱となり，出口の温度はいったん下がるが，制御系のはたらきにより，また設定温度に戻る．その動きは図 9.2 のようになることが予想される．

　これでもよいことは多い．しかし，「流量が増えれば温度が下がることが分っているのだから，そうなる前に何とかできないか」と考えるのは自然なことである．

　「流量が 10% 増えたら，燃料の方もそれに見合っただけ増やしてやればよいのではないか」このように考えるのが**フィードフォワード制御**である．

　それを制御系で実現させると，図 9.3 のようになる．ただし，図で分かるように流量を測定する検出器が 1 つ余分に必要となるが，これはやむをえない．

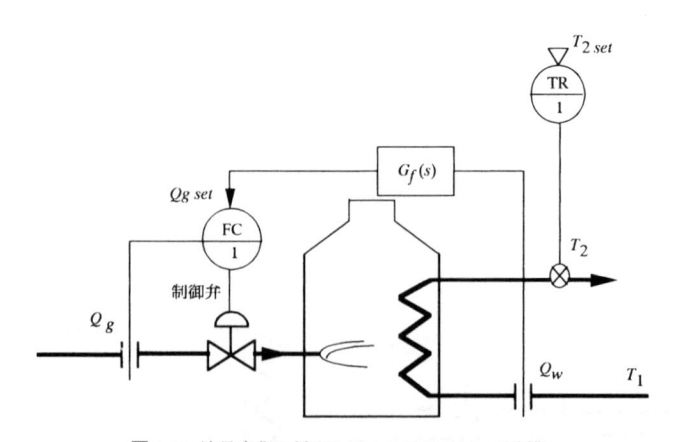

図 9.3　流量変化に対するフィードフォワード制御

フィードフォワード制御の特徴をもう1度繰り返すと次のようになる．

――［フィードフォワード制御の特徴］――――――――――――
　フィードバック制御は偏差が生じてから制御するが，フィードフォワード制御は偏差が生じる前に制御する．
――――――――――――――――――――――――――――――

ただし，ここでフィードフォワード要素 $G_f(s)$ のところをどうすればよいかという問題が生じる．上に「燃料の方もそれに見合っただけ増やす」と書いたが「それに見合っただけ」とはどれだけか，また，タイミングとしては，いつ増やせばよいか，というのがこの $G_f(s)$ を決める問題である．これを次の節で述べる．

9.2　フィードフォワード要素の設計

9.2.1　静特性の検討

　前述の通りフィードフォワード制御は偏差が生じるのを未然に防ぐ制御である．しかし，そのためにはどれだけの外乱が入ったか知ることと，その外乱が入ったらどうなるかという予想がたたなければならない．つまり，次の2つのことが必要である．

――［フィードフォワード制御のための必要事項］――――――――
　① 　外乱が測定できること．
　② 　外乱および操作量の変化に対し，プロセスの動きを予想するためのモデルをもつこと．
――――――――――――――――――――――――――――――

　ただし，フィードフォワード制御は後に述べるように，フィードバック制御と組み合わせて使うことが多いので，モデルは必ずしも非常に精度の高いものでなくてもよい．

　まず，図9.1のプロセスの静特性を解析する．熱のバランスから次の関係がなりたつ．

$$Q_g = \frac{C_p}{H_g} Q_w (T_2 - T_1) \tag{9.1}$$

ただし，

　Q_g：燃料ガス流量，Q_w：水の流量，T_1：水の入口温度，T_2：水の出口温度，C_p：水の比熱，H_g：ガスの単位流量が燃焼する際発生する熱量

変数である Q_g, Q_w, T_2 のわずかな変化に対して，次の全微分の関係がなりたつ．

$$dQ_g = \frac{\partial Q_g}{\partial Q_w} dQ_w + \frac{\partial Q_g}{\partial T_2} dT_2 \tag{9.2}$$

そこで，(9.1) 式から，$\partial Q_g/\partial Q_w$, $\partial Q_g/\partial T_2$ を求め (9.2) 式に代入すると，

$$dQ_g = \frac{C_p}{H_g}(T_2 - T_1)dQ_w + \frac{C_p}{H_g} Q_w dT_2 \tag{9.3}$$

となる．これを dT_2 について解くと，

$$dT_2 = \frac{H_g}{C_p Q_w} dQ_g - \frac{(T_2 - T_1)}{Q_w} dQ_w \tag{9.4}$$

となるから，ここで，

$$K_p = \frac{H_g}{C_p Q_w}, \qquad K_d = \frac{T_2 - T_1}{Q_w} \tag{9.5}$$

とおくと，dT_2, dQ_g, dQ_w の間には次の関係がなりたつ．

$$\boxed{dT_2 = K_p dQ_g + K_d dQ_w} \tag{9.6}$$

さて，水の流量変化 dQ_w に対して温度変化が生じないためには，(9.6)式において $dT_2 = 0$ となることが必要であるから，

$$K_p dQ_g + K_d dQ_w = 0 \tag{9.7}$$

とおくと，

$$dQ_g = -\frac{K_d}{K_p} dQ_w = \frac{\dfrac{T_2 - T_1}{Q_w}}{\dfrac{H_g}{C_p Q_w}} dQ_w = \frac{(T_2 - T_1)C_p}{H_g} dQ_w \tag{9.8}$$

すなわち，

$$\boxed{dQ_g = \frac{(T_2 - T_1)C_p}{H_g} dQ_w} \tag{9.9}$$

だけ燃料ガスの供給量を変化させてやればよい．この係数がフィードフォワード要素 $G_f(s)$ のゲインである．すなわち，$G_f(s) = K_f G(s)$ として，静特性 K_f と動特性 $G(s)$ に分けると，

$$\boxed{K_f = -\frac{K_d}{K_p} = \frac{(T_2 - T_1)C_p}{H_g}} \tag{9.10}$$

9.2.2 動特性の追加

上記の解析では2つの入力（操作量と外乱）の出力に対する静特性のみ扱った．動特性を考慮するとどうなるであろうか．動特性を導入するためにはプロセスのモデルを最初からつくり直すのが正しいやり方であるが，ここでは簡便法を取ることにする．すなわち，動特性を1次遅れとむだ時間で近似し，いささか強引ではあるが，(9.6) 式を次のように書きかえる．

$$dT_2 = G_p(s) dQ_g + G_d(s) dQ_w$$

ただし，$G_p(s)$, $G_d(s)$ は次のように動特性を表す伝達関数である．

$$G_p(s) = \frac{K_p e^{-L_p s}}{1 + T_p s} \tag{9.11}$$

$$G_d(s) = \frac{K_d e^{-L_d s}}{1 + T_d s} \tag{9.12}$$

この1次遅れやむだ時間は実測値を使用するとか，過去の経験から得られた値を使うものとする．そうすると，(9.9) 式を拡張して，K_p, K_d, K_f の代わりに $G_p(s)$, $G_d(s)$, $G_f(s)$ を使うと，

$$G_f(s) = -\frac{G_d(s)}{G_p(s)} = -\frac{\dfrac{K_d e^{-L_d s}}{1 + T_d s}}{\dfrac{K_p e^{-L_p s}}{1 + T_p s}} = -\frac{K_d(1 + T_p s) e^{-(L_d - L_p)s}}{K_p(1 + T_d s)} \tag{9.13}$$

となり，

$$G_f(s) = -\frac{G_d(s)}{G_p(s)} = -\frac{K_d(1 + T_p s) e^{-(L_d - L_p)s}}{K_p(1 + T_d s)} \tag{9.14}$$

が動特性も含めたフィードフォワード要素となる．

この式を，もう1度よくみてみよう．$G_d(s)$ は外乱（水の流量）と制御量（温度）の伝達関数であり，$G_p(s)$ は操作量（燃料ガス流量）と制御量の伝達関数である．フィードフォワード要素 $G_f(s)$ はこれらの比にマイナス符号を付けたものになっている．

これらの関係をブロック図で示すと図9.4のようになる．ただし，流量制御ループは閉ループ全体の特性を $G_p(s)$ に含めてある．

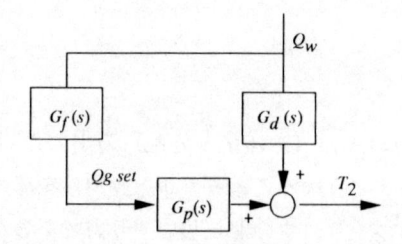

図9.4 フィードフォワード制御系のブロック図

外乱 Q_w は伝達関数 $G_d(s)$ を通して制御量 T_2 に影響を与えるが，$G_f(s)G_p(s)$ を通るフィードフォワードにより打ち消される．(9.14) 式を変形すると，

$$G_d(s) + G_f(s)G_p(s) = 0 \tag{9.15}$$

となることからも明らかである．

9.2.3 フィードフォワード制御とフィードバック制御の結合

前項で動特性も含めたフィードフォワード要素の設計を行ったが，正確なプロセスモデルを作成することは一般に容易ではない．それには，次のようにいろいろな理由がある．
① 1次遅れ＋むだ時間のモデルそのものが近似である．
② パラメータは動作点により変化する．
③ パラメータの同定（測定）には誤差がともなう．

これらにより生じる誤差はフィードフォワード制御においては，そのまま制御量の誤差となる．

さらに，別な問題としては，外乱は1つとは限らないということがある．上記のフィードフォワード制御で，仮に水の流量変化は完全に抑えられたとしても，他の外乱が入ってきたときには何もできない．

このような事情があるのでフィードフォワード制御だけでプロセスを完全に制御するのは困難である．したがって図9.5に示すようにフィードバック制御と組み合わせて使うのが一般的である．フィードバック制御は偏差が生じるまで制御しないが，一方では，次のような特長がある．

> フィードバック制御は原因のいかんを問わず，偏差があれば，それをなくすように制御する．

9.2 フィードフォワード要素の設計

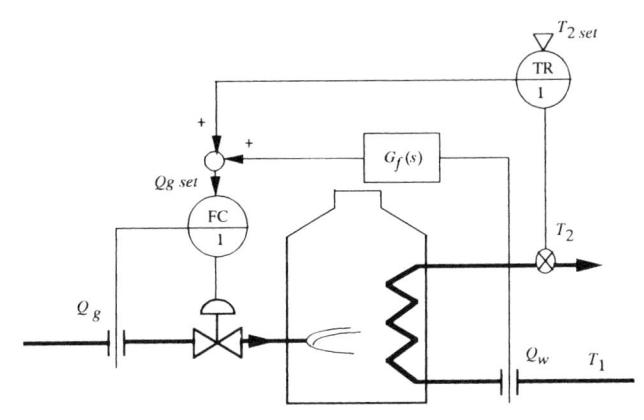

図 9.5 フィードフォワード制御はフィードバック制御と組み合わせて使う

これは素晴らしい特長である．これに比べるとフィードフォワード制御は指定された外乱にしか対処せず，しかも誤差があっても責任はとらない．

したがって，制御の基本はやはりフィードバック制御におき，これにフィードフォワード制御を加えて特性改善をしていくのが通常のやり方である．以下では，この両者の組み合わせの結果をみることにする．

図 9.5 のシステムのブロックは図 9.6 のように書ける．ここでも，流量制御の 2 次ループの特性は $G_p(s)$ に含まれているものとする．一例として，

$$G_p(s) = \frac{e^{-2s}}{1+5s} \tag{9.16}$$

$$G_d(s) = \frac{e^{-3s}}{1+8s} \tag{9.17}$$

とおく．最初に，フィードフォワード制御系がない場合を調べる．水の流量がステップ状に変化する場合，すなわち D にステップ外乱が入る場合の応答を示す

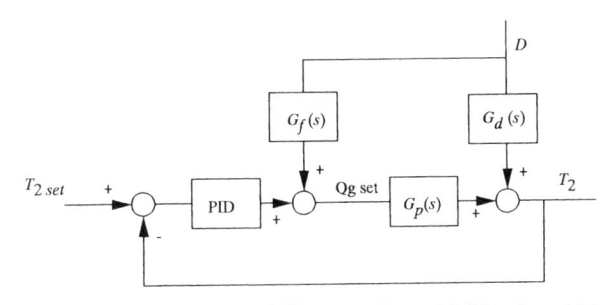

図 9.6 フィードフォワード制御＋フィードバック制御のブロック図

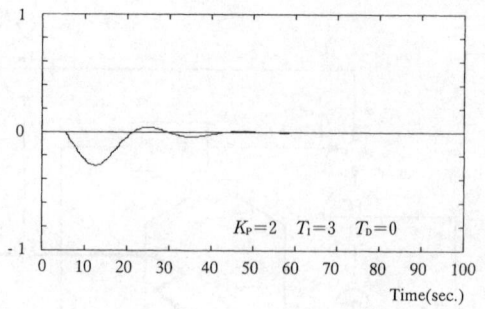

図9.7 フィードフォワードのないフィードバック制御系の外乱に対する応答

と図9.7のようになる．外乱により，はじめは制御量が下がるが，フィードバック制御により，やがては元の値に回復する．

次に，(9.14)式からフィードフォワード要素を求めると，

$$G_f(s) = -\frac{G_d(s)}{G_p(s)} = -\frac{(1+5s)e^{-s}}{1+8s} \tag{9.18}$$

となる．これを使ってフィードフォワード制御をすれば，完全なモデルであるので外乱が入っても制御量はまったく影響を受けない．これは単にまっすぐな線であるので，ここでは図に示さない．

ところで，動特性の項を入れずに $G_f(s)=-1$ として，ゲインだけ合わせた制御をすると図9.8のようになる．外乱の影響がまったくなくなったとはいえないが，フィードフォワード制御がない場合にくらべると，かなりよく抑えられていることが分かる．

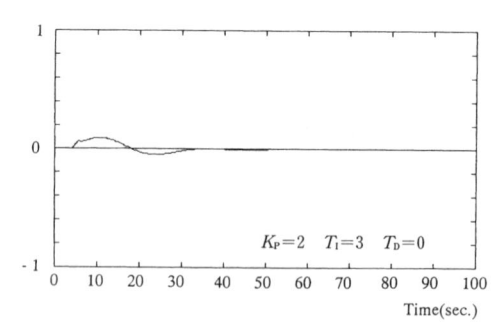

図9.8 静特性だけのフィードフォワードを付加した制御系の外乱に対する応答

次に，むだ時間を入れずに，進み/遅れ要素だけ使い，

$$G_f(s) = -\frac{1+5s}{1+8s} \tag{9.19}$$

9.2 フィードフォワード要素の設計

として制御すると図9.9のようになる.静特性だけの場合にくらべほんの少しよくなっているが,著しく改善されたとはいい難い.

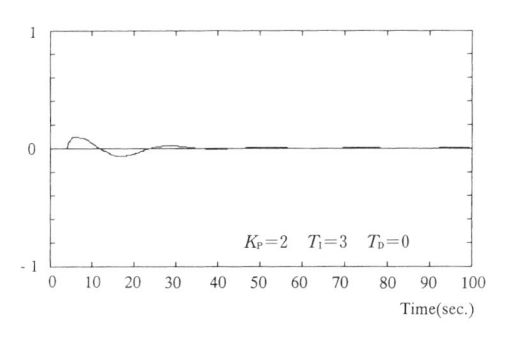

$K_P=2 \quad T_I=3 \quad T_D=0$

図9.9 進み/遅れ要素だけ使ったフィードフォワードを付加した制御系の外乱に対する応答

以上の例を見ると,実用的には静特性だけのフィードフォワード制御でもかなりの改善効果があるといえる.動特性は入れるとしても,進み/遅れ要素だけでもよい.

とはいいながら,$G_d(s)$が純粋なむだ時間に近い特性をもっている場合には,むだ時間要素も使ったほうがよい.しかし,その場合はある程度注意深く合わせる必要がある.また,化学プラントの蒸留塔のように時定数やむだ時間が長く,かつ複雑な動特性をもつ場合は,適用にあたって十分な注意が必要である.

現実に直面するといろいろな場合があるので,一概に論じられないが,以上のようなことを念頭において個々の問題に対処しなければならない.

演 習 問 題

9.1 図 E 9.1 のフィードフォワード制御系で

$$G_p(s)=\frac{2.2e^{-2s}}{1+20s}, \qquad G_d(s)=\frac{0.8e^{-5s}}{1+30s}$$

のとき，フィードフォワード補償器の $G_f(s)$ を求めよ．

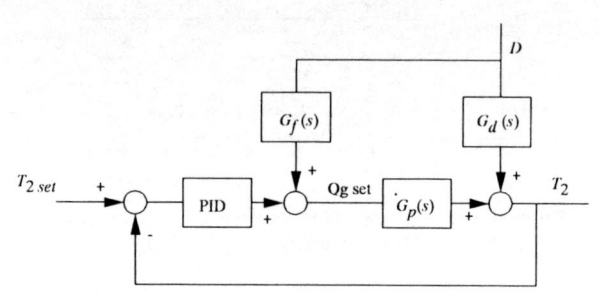

図 E 9.1 フィードフォワード制御系

9.2 上図のシステムで

$$G_p(s)=\frac{2.2e^{-2s}}{1+20s}, \qquad G_d(s)=\frac{0.8e^{-5s}}{1+30s}, \qquad G_f(s)=\frac{-0.4(1+20s)}{1+30s}$$

とする．仮にフィードバックがなく，フィードフォワード制御だけ使用した場合，ステップ外乱に対する出力の応答はどのようになるか考察せよ．

10 むだ時間プロセスの制御

　プロセスを操作してから結果が現れはじめるまでの時間をむだ時間という．
　むだ時間の長いプロセスは制御が難しいといわれている．なぜ難しいのか理論と感覚の両面から理解しよう．
　一方，むだ時間が長いと振動が起き易いので，その振動周期を観察すると，むだ時間のおよその長さが推定できる場合がある．本章ではいくつかの場合について**振動周期とむだ時間の関係**を述べる．
むだ時間の長いプロセスの制御にスミス法が有名である．これはプロセスモデルをコントローラ内部にもつ方法であり，上手に使うとたいへん有効である．本章ではその原理と使用上の注意点について述べる．

10.1 むだ時間の長いプロセス

10.1.1 むだ時間の長いプロセスの難しさ

　むだ時間の長いプロセスは制御が難しいといわれている．次の2つの例はすでにあげたものであるが，もう一度示すことにする．
　図10.1は濃度が異なる2種類の液体を混合して，濃度を調整するプロセスである．混合点から濃度を測定する点までに輸送遅れがあるのが普通である．
　図10.2は浄水場で殺菌のため薬品を注入するプロセスである．残留塩素量を

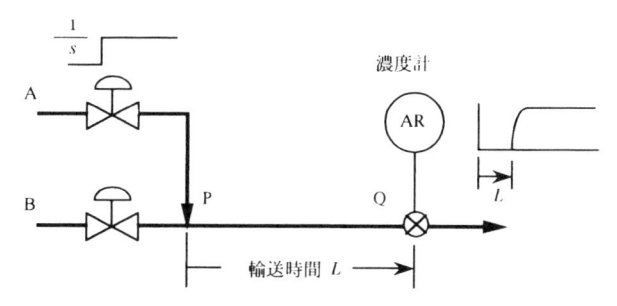

図10.1　2種類の濃度の異なる液体の混合

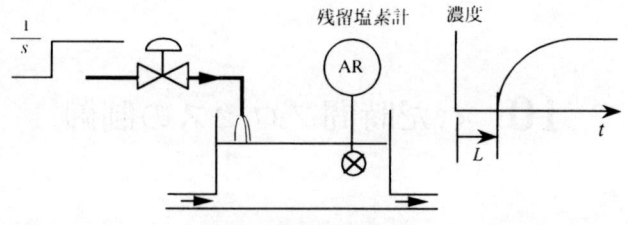

図10.2 薬品注入プロセス

制御しなければならないが，薬品を投入してから濃度計に現れるまでに時間がかかる．両者に共通なことは，制御のための操作を行ってから，その結果がまったく現れない時間があることである．前にも述べたように，この時間を**むだ時間**という．

むだ時間が長いとどうして制御が難しいのだろうか．

むだ時間があると位相が遅れ，不安定になりやすいことは，第3章で学んだ．理論的にはその通りであるが，ここで，すこし感覚的な話をしておく．

むだ時間があるということを知らない人が，図10.1のプロセスを手で操作することを考えてみよう．いま，濃度が目標値より低かったとしよう．そこで，濃度の高いAラインのバルブAを少し開け，流量を増やす．しかし，むだ時間があるので濃度計の出力は少しも増えない．そこでバルブをどんどん開けていくのであるが，相変わらず濃度は少しも増えてこない．ところが，あるとき急に濃度が増えはじめる．そして目標値を越え，いき過ぎてしまう．これはシマッタと思いバルブを閉めはじめるが濃度は一向に下がらない．どんどん下げていくと，こんどは，あるとき急に下がりはじめる．

これを繰り返していると濃度は上がったり下がったりしてなかなか落ちつかない．

これがなぜ起こるかといえば，むだ時間のため，操作の結果がすぐ現れないからである．このように，人が手で操作して難しいプロセスは調節計で制御しても難しい．

10.1.2 むだ時間プロセスを含む制御系

プロセスを1次遅れとむだ時間で近似し，その伝達関数を

$$G(s) = \frac{ke^{-Ls}}{1+Ts} \tag{10.1}$$

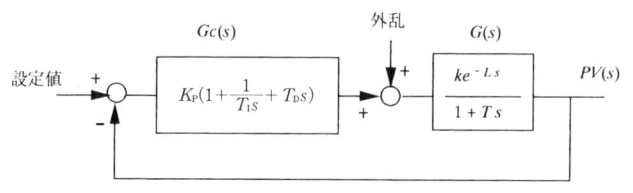

図10.3 むだ時間プロセスを含む制御系

で表す．このプロセスを含む制御系のブロック図を図10.3に示す．

この系の制御に関して，第1章，第3章で学んだことを復習しておくと，次のようなことであった．

(1) 閉ループが持続振動を起こし，不安定になるのは一巡伝達関数が次の2つの条件を同時に満たすときである．
$$|G_c(s)G(s)|=1 \tag{10.2}$$
$$\angle G_c(s)G(s)=-\pi(\text{rad}) \tag{10.3}$$

(2) むだ時間 $G_L(s)=e^{-Ls}$ の位相遅れは
$$\angle G_L(s)=-\omega L \tag{10.4}$$
であり，周波数とともにどこまでも増大する．ゲインは周波数に無関係に常に1である．

(3) 1次遅れ $G_1(s)=1/(1+Ts)$
位相遅れは
$$\angle G_1(s)=-\tan^{-1}\omega T \tag{10.5}$$
であり，周波数とともに増加するが90°を越えることはない．
ゲイン $|G_1(s)|$ は
$$|G_1(s)|=1/\sqrt{1+\omega^2 T^2} \tag{10.6}$$
であり，周波数とともに減少する．

以上のことから，むだ時間があると，1次遅れにくらべ系が不安定になりやすいので，コントローラのゲインをあまり上げることができない．

図10.4に，むだ時間プロセスを含む制御系のステップ応答を示す．時定数は $T=20$ sec. 一定にしておき，むだ時間 L をだんだん大きくしてシミュレーショ

126　10　むだ時間プロセスの制御

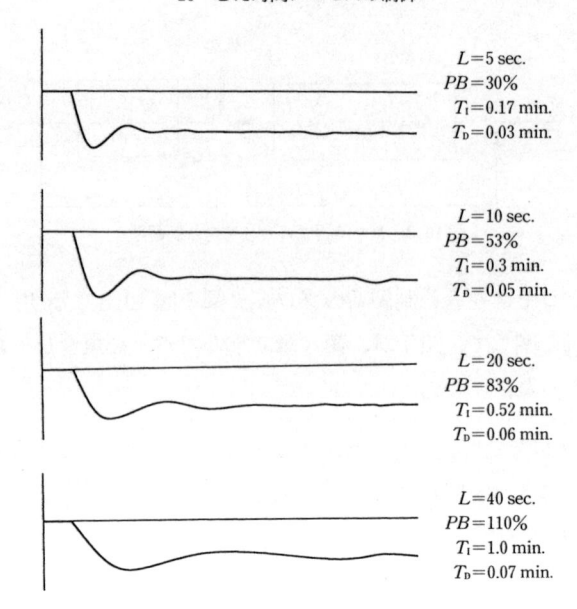

$L=5$ sec.
$PB=30\%$
$T_i=0.17$ min.
$T_D=0.03$ min.

$L=10$ sec.
$PB=53\%$
$T_i=0.3$ min.
$T_D=0.05$ min.

$L=20$ sec.
$PB=83\%$
$T_i=0.52$ min.
$T_D=0.06$ min.

$L=40$ sec.
$PB=110\%$
$T_i=1.0$ min.
$T_D=0.07$ min.

図10.4　むだ時間プロセスを含む制御系のステップ応答

ンしたものである．パラメータは応答波形をみながら，試行錯誤で求めたが，Lが大きくなるに従って，コントローラのゲインを下げなければならず．整定までに時間がかかっていることが分かる．

10.1.3　純粋むだ時間プロセスの制御

純粋なむだ時間というのは存在しないが，ここでむだ時間の特性を学ぶために，極端な例を取り上げる．

［例題 10.1］

純粋なむだ時間LをもつプロセスをP動作のみで制御したとする．比例ゲインを上げていくとある点で，持続振動が生じる．その持続振動の周期はいくらか．

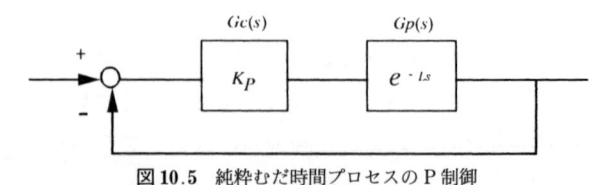

図10.5　純粋むだ時間プロセスのP制御

[解答]
$$|G_c(s)G(s)|=1 \quad (ゲイン条件) \tag{10.7}$$
$$\angle G_c(s)G(s)=-\pi(\mathrm{rad}) \quad (位相条件) \tag{10.8}$$
となるとき持続振動が生じる．

(1) ゲイン条件

むだ時間のゲインは常に1であるから，比例ゲインが $K_P=1$ のときゲイン条件がなりたつ．

(2) 位 相 条 件

P動作は位相を遅らせないから，位相遅れはむだ時間のみによって生じる．したがって，

$\angle e^{-jL}=-\omega L=-\pi$ のとき位相条件が成り立つ．

$\therefore \quad 2\pi fL=\pi$

$$\therefore \quad f=1/2L \tag{10.9}$$

振動周期 $T_{\mathrm{ocs}}=1/f$ であるから．

$1/T_{\mathrm{ocs}}=1/2L$

$$\therefore \quad T_{\mathrm{ocs}}=2L \tag{10.10}$$

すなわち，

> 純粋なむだ時間 L をもつプロセスを P 動作のみで制御した場合．比例ゲイン，$K_P=1$ のときむだ時間 L の2倍の周期で持続振動が生じる．

図 10.6 の図を書くとこの結果は覚えやすい．持続振動が生じているとき，むだ時間 L を通る間に180°遅れるのであるから，図のように半サイクルが L に相当する．したがって，1 サイクルは $2L$ に相当するというわけである．

[別解] これは，特性方程式を解くことによっても求めることができる．

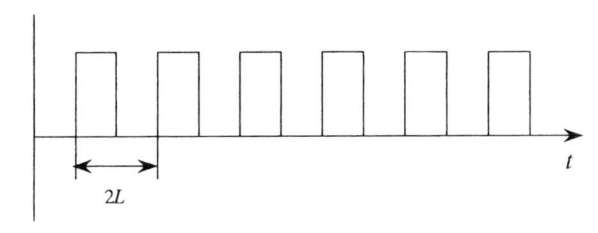

図 10.6 P 動作でむだ時間を制御したとき $2L$ の周期をもつ持続振動が起きる

特性方程式は，

$$1+K_P e^{-Ls}=0 \quad \text{すなわち} \quad K_P e^{-Ls}=-1 \tag{10.11}$$

である．いま，

$$s=\alpha+j\omega \tag{10.12}$$

とおいて上式に代入すると，

$$K_P e^{-L\alpha} e^{-j\omega L}=-1 \tag{10.13}$$

であるから，

$K_P=1, \quad \alpha=0$ のとき，

$$e^{-j\omega L}=-1 \tag{10.14}$$

であるから，$\omega L=\pi$ が特性方程式の解となり，上に求めた結果と一致することがわかる．

［例題 10.2］────────────────────────────

伝達関数 $G(s)=\dfrac{Ke^{-Ls}}{1+Ts}$ をもつ 1 次遅れプラスむだ時間プロセスを P 動作のみで制御したとする．比例ゲインを上げていくとある点で，持続振動が生じる．その持続振動の周期はいくらか．

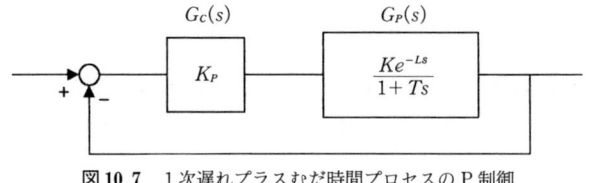

図 10.7　1 次遅れプラスむだ時間プロセスの P 制御

────────────────────────────

［解答］　次に純粋むだ時間だけでなく，1 次遅れが加わった場合を考えてみよう．ただし，これは上記のように簡単に解析的に解くことはできない．

(1) ゲイン条件

むだ時間のゲインは常に 1 であるが，1 次遅れは周波数とともにゲインは変化する．すなわち，持続振動が起きているときは，

$$\frac{K_P K}{\sqrt{1+\omega^2 T^2}}=1 \tag{10.15}$$

である．

(2) 位相条件

むだ時間部分での位相遅れは ωL であり，1 次遅れ部分の位相遅れは

$\tan^{-1}(\omega T)$ であるから，持続振動のための位相条件は，

$$\omega L + \tan^{-1}(\omega T) = \pi \tag{10.16}$$

である．これは，解析的に解くことはできない．L，T の値の比によって，むだ時間部分で遅れる位相分と，1次遅れ部分で遅れる位相分が異なる．ただし，1次遅れは最大でも 90°以上位相が遅れることはない．

したがって，1次遅れ部分での位相遅れをいろいろ変えて，そのときの振動周期，T と L の比を数値的に求めたものを表に示す．振動周期はむだ時間の何倍かということを示している．

1次遅れでの位相遅れ	振動周期/L	T/L
0	2	0
10	2.12	0.029
20	2.25	0.13
30	2.4	0.22
40	2.57	0.34
50	2.77	0.53
60	3	0.82
70	3.27	1.43
80	3.60	3.25
90	4	∞

上記の表をグラフで表したものを図 10.8 に示す．横軸にプロセスの時定数とむだ時間の比 (T/L) をとり，縦軸に振動周波数 (f) がむだ時間 (L) の何倍であるかということを示している．この表およびグラフから分かるように，振動周期はむだ時間の2倍から4倍の間にある．むだ時間と時定数が同じくらいの長さの時は，むだ時間のおよそ3倍くらいである．

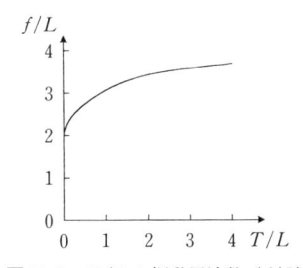

図 10.8 T/L と振動周波数 (f/L)

なお，持続振動のゲインを求めるには，ここで求めた周期からωを計算して，ゲイン条件の (10.15) 式に入れればそれを満足するK_Pが求まる．

[例題 10.3]

純粋なむだ時間LをもつプロセスをI動作のみで制御したとする．積分ゲインを上げていくとある点で，持続振動が生じる．その持続振動の周期はいくらか．

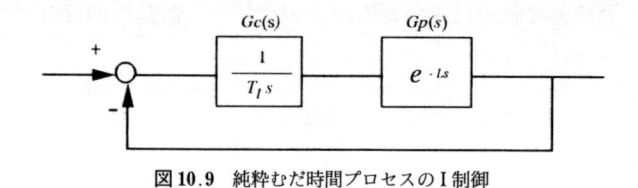

図 10.9 純粋むだ時間プロセスのI制御

[解答]

(1) ゲイン条件

むだ時間のゲインは常に1であるから，ゲイン条件はI動作のゲインによって決まり，

$$1/\omega T_I = 1 \tag{10.17}$$

である．

(2) 位相条件

積分（I動作）は常に90°位相を遅らせることを思い出して頂きたい．すると，むだ時間が残りの90°($\pi/2$)位相を遅らせるとき位相条件がなりたつ．したがって，

$$\angle e^{-jL} = -\omega L = -\pi/2 \tag{10.18}$$

$$\therefore \quad 2\pi f L = \pi/2 \tag{10.19}$$

$$\therefore \quad f = 1/4L$$

振動周期 $T_{ocs} = 1/f$ であるから，

$$1/T_{ocs} = 1/4L \tag{10.20}$$

$$\therefore \quad T_{ocs} = 4L \tag{10.21}$$

すなわち，

> 純粋なむだ時間LをもつプロセスをI動作のみで制御したとき．積分ゲインをあげていくとむだ時間Lの4倍の周期で持続振動が生じる．

P制御の場合と同様に，図10.10の図を書く．正弦波状の持続振動が生じているとき，むだ時間Lを通る間に今度は$90°$遅れるのであるから，1/4サイクルがLに相当する．したがって，1サイクルは$4L$に相当する．なお，むだ時間プラス積分プロセスをP制御した場合も，系内に積分が1つあるという意味で，これと同じである．

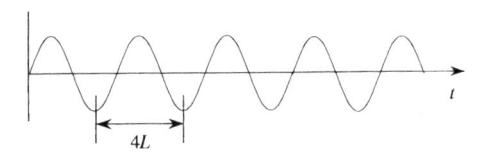

図10.10 I動作でむだ時間を制御したとき$4L$の周期をもつ持続振動が起きる

[例題10.4]

伝達関数 $G(s) = \dfrac{Ke^{-Ls}}{1+Ts}$ をもつ1次遅れプラスむだ時間プロセスをI動作のみで制御したとする．比例ゲインを上げていくとある点で，持続振動が生じる．その持続振動の周期はいくらか．

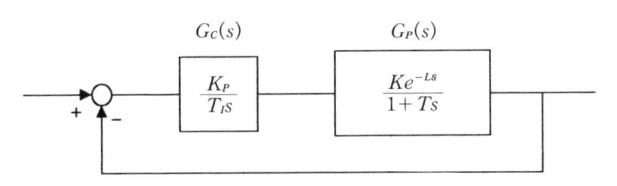

図10.11 1次遅れプラスむだ時間プロセスのI制御

[解答] 次に純粋むだ時間だけでなく，1次遅れが加わった場合を考えてみよう．ただし，これも上記のように簡単に解析的に解くことはできない．

(1) ゲイン条件

むだ時間のゲインは常に1であるが，1次遅れは周波数と共にゲインは変化する．すなわち，持続振動が起きているときは，

$$\frac{K_P K}{\sqrt{1+\omega^2 T^2}} = 1 \tag{10.22}$$

である．

(2) 位相条件

むだ時間部分での位相遅れはωLであり，1次遅れ部分の位相遅れは

$\tan^{-1}(\omega T)$ である．一方，コントローラの積分要素で $\pi/2$ ラジアンの位相遅れがあるから，むだ時間と，1次遅れ部分での位相遅れは，残りの $\pi/2$ ラジアンである．したがって，持続振動のための位相条件は，

$$\omega L + \tan^{-1}(\omega T) = \frac{\pi}{2} \tag{10.23}$$

である．これは，解析的に解くことはできない．L，T の値の比によって，むだ時間部分で遅れる位相分と，1次遅れ部分で遅れる位相分が異なる．ただし，1次遅れは最大でも 90°以上位相が遅れることはない．

したがって，1次遅れ部分での位相遅れをいろいろ変えて，そのときの振動周期，T と L の比を数値的に求めたものを表に示す．振動周期はむだ時間の何倍かということを示している．

1次遅れでの位相遅れ	振動周期/L	T/L
0	4.	0
10	4.5	0.12
20	5.1	0.30
30	6.0	0.55
40	7.2	0.96
50	9	1.70
60	12	3.30
70	18	7.87
80	36	32.49
90	∞	∞

上記の表をグラフで表したものを図 10.12 に示す．横軸にプロセスの時定数とむだ時間の比 (T/L) をとり，縦軸に振動周波数 (f) がむだ時間 (L) の何倍であ

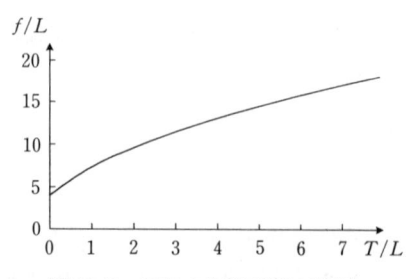

図10.12 T/L と振動周波数 (f/L)

るかということを示している．

この表およびグラフから分かるように，振動周期はむだ時間の 4 倍から次第に大きくなっていく．むだ時間と時定数が同じくらいの長さのときは，むだ時間のおよそ 7 倍くらいである．

なお，持続振動のゲインを求めるには，ここで求めた周期から ω を計算して，ゲイン条件の式に入れればそれを満足する K_P が求まる．

まとめ

以上の結果から次のことがいえる．

① むだ時間のみのプロセスを P 制御したときの振動数はむだ時間の 2 倍である．

② むだ時間プラス 1 次遅れのプロセスを P 制御したときの振動数はむだ時間の 2～4 倍である．

③ むだ時間プラス積分プロセスを P 制御したときの振動数はむだ時間の 4 倍である．

④ むだ時間のみのプロセスを I 制御したときの振動数はむだ時間の 4 倍である．

（これは③の場合と同じである）

⑤ むだ時間プラス 1 次遅れのプロセスを I 制御したときの振動数はむだ時間の 4 倍以上である．

しかし，これは変化範囲が大きいので，これからむだ時間を推定するのは無理がある．

10.2 スミス調節計

むだ時間のあるプロセスをどのように制御すればよいか考えることにしよう．これには 2 つの方法がある．

(1) ゲインを低くして，ゆっくりした応答にする．

(2) プロセスのモデルを制御系内部にもつ．

(1) の方法は応答性を犠牲にするが，安全な方法である．(2) の方法はプロセスモデルが精度よくつくれるときは有力である．しかし，実際のプロセスとモデルの差については十分気をつけておく必要がある．以下に述べるスミスの方法は

(2) の方法である．

10.2.1　スミス調節計の原理

むだ時間の長いプロセスの制御に対して，Otto Smith が提案した有名な方法がある．この方法は提案者の名前をとって，**スミス調節計**あるいは**スミスの予測器**と呼ばれる．これは一言でいえば，制御系のなかにプロセスモデルをもつことにより，むだ時間を閉ループの外に追い出してしまう方法である．

図 10.13 にスミス調節計を使ったシステムの構成を示す．

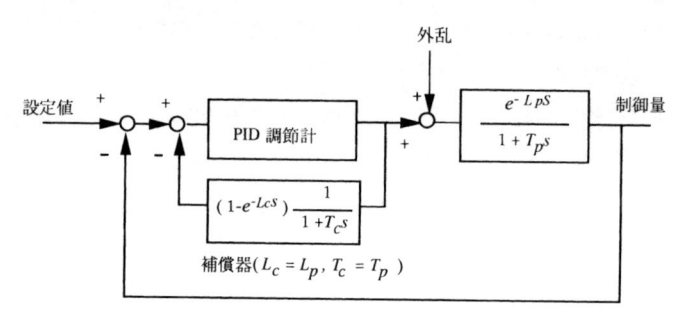

図 10.13　スミスの制御系

この制御系の動作を理解するために，外乱をゼロとして図 10.13 を図 10.14 のように等価変換する．$L_C=L_P$, $T_C=T_P$ とすると，(b)図のブロック D と E は互いに打ち消しあうので，(c)図のようになり，むだ時間は閉ループの外へ出てしまう．したがって，PID 調節計はむだ時間のない 1 次遅れプロセスと同じように制御できる．

10.2.2　スミス調節計の解析

スミス調節計の考え方は以上で理解できたと思うので，次にすこしだけ解析的に調べることにする．

プロセス特性を $G_P(s)e^{-L_P s}$，モデルを $G_C(s)e^{-L_C s}$，PID 調節計を $G_{PID}(s)$ と書くと，スミス調節計は図 10.15 のように書ける．

PID 調節計とモデルを 1 つにまとめると，

$$\frac{M(s)}{E(s)} = \frac{G_{PID}(s)}{1+G_{PID}(s)G_C(s)(1-e^{-L_C s})} \tag{10.24}$$

10.2 スミス調節計

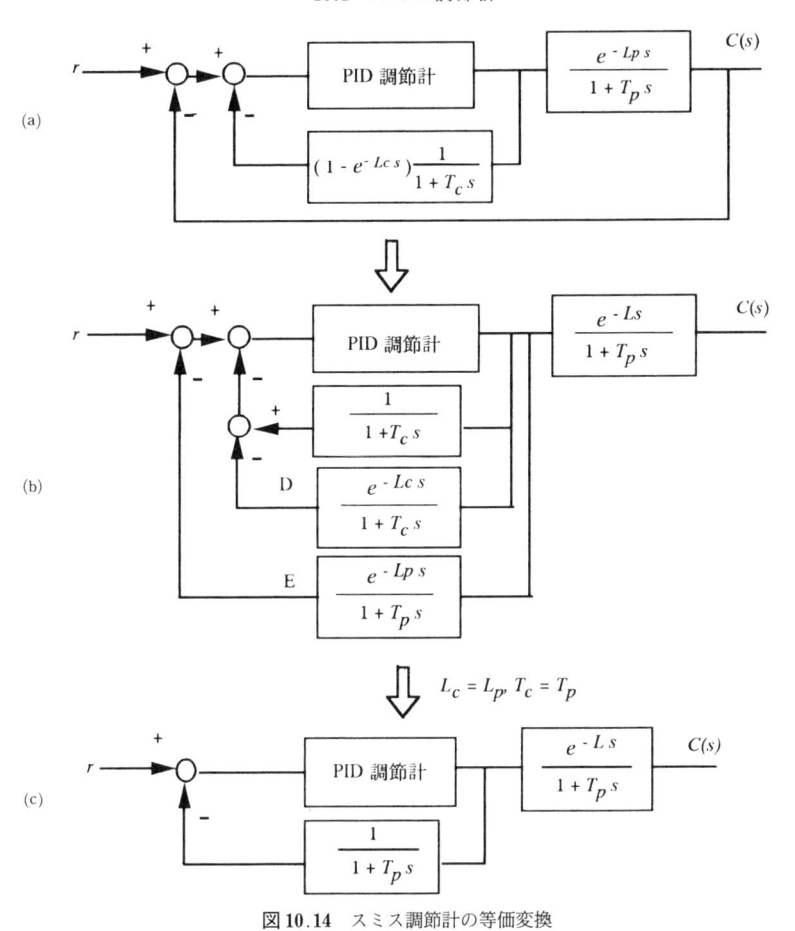

(a)

(b)

$L_c = L_p,\ T_c = T_p$

(c)

図10.14 スミス調節計の等価変換

図10.15 スミス調節計

となるから，図10.16のように書き直すことができる．

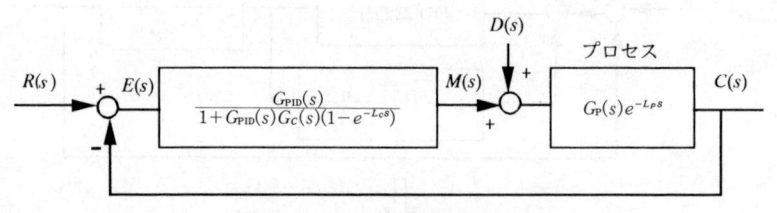

図10.16 スミス調節計の等価回路

したがって，設定値 $R(s)$ に対する制御量 $C(s)$ は次のようになる．

$$\frac{C(s)}{R(s)} = \frac{\dfrac{G_{\mathrm{PID}}(s)G_P(s)e^{-L_P s}}{1+G_{\mathrm{PID}}(s)G_C(s)(1-e^{-L_C s})}}{1+\dfrac{G_{\mathrm{PID}}(s)G_P(s)e^{-L_P s}}{1+G_{\mathrm{PID}}(s)G_C(s)(1-e^{-L_C s})}}$$

$$= \frac{G_{\mathrm{PID}}(s)G_P(s)e^{-L_P s}}{1+G_{\mathrm{PID}}(s)G_C(s)(1-e^{-L_C s})+G_{\mathrm{PID}}(s)G_P(s)e^{-L_P s}} \quad (10.25)$$

ここで，$G_C(s)=G_P(s)$，$L_C=L_P$ とおくと

$$\frac{C(s)}{R(s)} = \frac{G_{\mathrm{PID}}(s)G_P(s)e^{-L_P s}}{1+G_{\mathrm{PID}}(s)G_P(s)} \quad (10.26)$$

となる．分母にむだ時間 $e^{-L_P s}$ がなくなっているからループの外へ出たことが分かる．(10.26) 式の関係をブロック図で書くと図10.17のようになる．

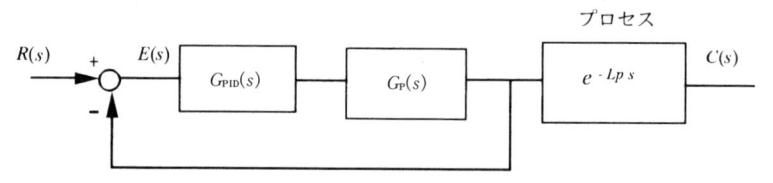

図10.17 スミス調節計の等価回路

これは，図10.14でブロック図の等価変換から求めたものと同じ結果である．

スミス調節計は以上のように有力な手法であるが，使用するにあたって注意しなければならないこともある．

上記の等価変換ができるためには，プロセスのむだ時間や時定数が調節計内部にあるモデルと一致していることが前提となっている．わずかな違いであれば問題ないが，大きく異なる場合には，スミス調節計の効果が出ないばかりか，かえって制御性を悪化させることがある．現在，一致していたとしても，別の操業条件によっては，プロセスの特性が変わることがある．したがって，モデルの不一

致を考慮して，それが生じても不安定にならないように，PID 調節計のパラメータ調整の際，安定性に余裕をもたせておくことが必要である．

10.2.3 積分性プロセスへのスミス調節計の適用

スミスの調節計を積分性プロセスへ適用すると「外乱に対してオフセットが生じる」ので注意を要する．(10.25) 式からは $G_C(s)=G_P(s)$, $L_C=L_P$ さえなりたてば，$G_P(s)$ は何でもよいようにみえる．設定値変更に対してはそうであるが，外乱に対しては異なる．

外乱に対する応答は，

$$\frac{C(s)}{D(s)} = \frac{G_P(s)e^{-L_Ps}}{1+\dfrac{G_{\mathrm{PID}}(s)G_P(s)e^{-L_Ps}}{1+G_{\mathrm{PID}}(s)G_C(s)(1-e^{-L_Cs})}}$$

$$= \frac{G_P(s)e^{-L_Ps}\{1+G_{\mathrm{PID}}(s)G_C(s)(1-e^{-L_Cs})\}}{1+G_{\mathrm{PID}}(s)G_C(s)(1-e^{-L_Cs})+G_{\mathrm{PID}}(s)G_P(s)e^{-L_Ps}} \quad (10.27)$$

ここで，$G_C(s)=G_P(s)$, $L_C=L_P$ とおくと，

$$\frac{C(s)}{D(s)} = \frac{G_P(s)e^{-L_Ps}+G_{\mathrm{PID}}(s)G_C(s)G_P(s)e^{-L_Ps}(1-e^{-L_Cs})}{1+G_{\mathrm{PID}}(s)G_C(s)}$$

ステップ外乱 $D(s)=d/s$ が入ったときの出力 $C(s)$ は，

$$C(s) = \frac{G_P(s)e^{-L_Ps}+G_{\mathrm{PID}}(s)G_C(s)G_P(s)e^{-L_Ps}(1-e^{-L_Cs})}{1+G_{\mathrm{PID}}(s)G_C(s)}\frac{d}{s} \quad (10.28)$$

ここで，最終値の定理を使うと，

$$C_\infty = \lim_{s\to 0} sC(s)$$

$$= \lim_{s\to 0} \frac{G_P(s)e^{-L_Ps}+G_{\mathrm{PID}}(s)G_C(s)G_P(s)e^{-L_Ps}(1-e^{-L_Cs})}{1+G_{\mathrm{PID}}(s)G_C(s)} d$$

$$= \lim_{s\to 0}\left\{\frac{G_P(s)e^{-L_Ps}d}{1+G_{\mathrm{PID}}(s)G_C(s)}+\frac{G_{\mathrm{PID}}(s)G_C(s)G_P(s)e^{-L_Ps}(1-e^{-L_Cs})d}{1+G_{\mathrm{PID}}(s)G_C(s)}\right\}$$

$$= \lim_{s\to 0}\left\{\frac{G_P(s)e^{-L_Ps}d}{1+G_{\mathrm{PID}}(s)G_C(s)}+\frac{G_P(s)e^{-L_Ps}(1-e^{-L_Cs})d}{\dfrac{1}{G_{\mathrm{PID}}(s)G_C(s)}+1}\right\} \quad (10.29)$$

いま，

$$G_{\mathrm{PID}}(s) = K_P\left(1+\frac{1}{T_I s}+T_D s\right) \quad (10.30)$$

$$G_P(s) = \frac{1}{1+T_P s} \quad (10.31)$$

$$G_C(s) = \frac{1}{1+T_C s} \tag{10.32}$$

とおくと，$s \to 0$ の極限は次のようになる．

$G_{\mathrm{PID}}(s) \quad \to \infty$

$G_P(s) \quad \to 1$

$G_C(s) \quad \to 1$

$e^{-L_P s} \quad \to 1$

$e^{-L_C s} \quad \to 1$

したがって，(10.29) 式は，

第 1 項 $= (1/\infty)d = 0$

第 2 項 $= \lim\limits_{s \to 0} \dfrac{G_P(s) e^{-L_P s}(1-e^{-L_C s})d}{\dfrac{1}{G_{\mathrm{PID}}(s) G_C(s)}+1} = 0$

したがって，$C=0$ であり，オフセットは残らない．

次に，積分性プロセスの場合を考える．

$$G_P(s) = G_C(s) = 1/s \tag{10.33}$$

とおく，すると (10.29) 式は $s \to 0$ の極限に対し次のようになる．

第 1 項 $= \lim\limits_{s \to 0} \dfrac{(1/s)e^{-L_P s}d}{1+K_P\{1+(1/T_I s)+T_D s\}(1/s)}$

$ = \lim\limits_{s \to 0} \dfrac{e^{-L_P s}d}{s+K_P\{1+(1/T_I s)+T_D s\}} = 0$

第 2 項 $= \lim\limits_{s \to 0} \dfrac{(1/s)e^{-L_P s}(1-e^{-L_C s})d}{\dfrac{1}{K_P\{1+(1/T_I s)+T_D s\}(1/s)}+1} \tag{10.34}$

ここで，$\dfrac{1}{s}(1-e^{-L_C s}) = \dfrac{1}{s}\left\{1-\left(1-L_C s+\dfrac{1}{2}L_C^2 s^2-\dfrac{1}{6}L_C^3 s^3+\cdots\right)\right\}$

$\phantom{ここで，\dfrac{1}{s}(1-e^{-L_C s})} = L_C - \dfrac{1}{2}L_C^2 s + \dfrac{1}{6}L_C^3 s^2 - \cdots$

であるから，

第 2 項 $= \lim\limits_{s \to 0} \dfrac{e^{-L_P s}(L_C - \dfrac{1}{2}L_C^2 s + \dfrac{1}{6}L_C^3 s^2 - \cdots)d}{\dfrac{1}{K_P\{1+(1/T_I s)+T_D s\}(1/s)}+1} = L_C d$

となり，$C = L_C d$ の大きさのオフセットが残る．

すなわち，以上をまとめると，

10.2 スミス調節計

> スミスの調節計を使ったとき，プロセスが $e^{-L_Ps}/(1+T_Ps)$ で表される自己平衡性プロセスの場合，外乱に対してオフセットが生じない．プロセスが e^{-L_Ps}/s で表される積分性プロセスの場合，外乱に対してオフセットが生じる．

それでは，このとき系のバランスはどうなっているだろうか．これを図10.18 に示す．系のバランス状態とは，積分要素の入力がゼロとなっている状態である．図(a)では確かに $C=0$ がバランス状態になっており，(b)では $C=r+L_cd$ がバランス状態になっている．そして，なぜオフセットのある状態でバランスしてしまうかといえば，モデルのなかに積分性要素 $1/s$ が存在することが原因になっている．

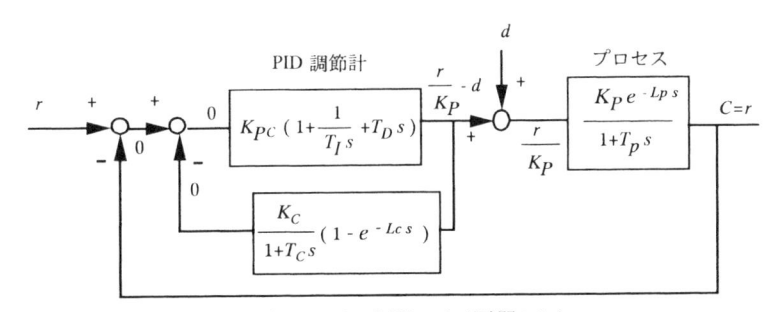

(a) プロセスが1次遅れ+むだ時間のとき

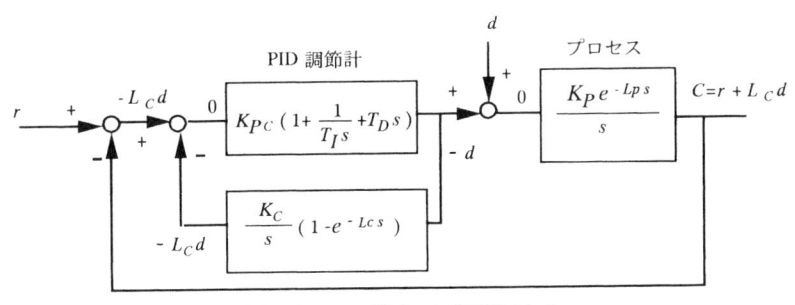

(b) プロセスが積分+むだ時間のとき

図10.18 スミスの調節計の外乱に対する最終バランス状態

それでは，このようなプロセスの場合どうすればいいかといえば，モデル中の $1/s$ の代わりに自己平衡性のある要素 $1/(1+Ts)$ を近似的に使用する方法がある．モデルとプロセスが完全に一致しないので，理想的ではないが，外乱に対す

るオフセットは防げる．

演習問題

10.1 $G(s)=e^{-10s}$ なる特性をもつプラントを比例動作のみで制御したとき，ゲインを上げていくとある点で持続振動を発生する．振動周期はいくらになるか．

10.2 上記と同じ $G(s)=e^{-10s}$ なる特性をもつプラントを，積分動作のみで制御した場合はどうなるか．

10.3 $G(s)=e^{-2s}/(1+4s)$ なる特性をもつプラントを比例動作のみで制御したとき，ゲインを上げていくとある点で持続振動を発生する．そのときの比例ゲインと，振動周期を求めよ．

11 代表的プロセスの制御

　　前章までにプロセス制御の一般論について述べた．具体的な制御系を扱うときには，系特有の問題がある．プロセスの制御の約95％は流量制御，圧力制御，液位制御，温度制御，成分制御を組み合わせたものである．したがって，これらの系の，制御上の特徴を知ることは現場技術者にとって有用である．

11.1 制御系の種類

制御系は扱う対象により次のように分類できる：
① 流量の制御
② 流量の積分になっている系の制御
　　定体積系での気体流量の積分　→圧力
　　液体流量の積分　　　　　　　→液位
③ 質量やエネルギーの移動を伴うプロセスの制御
　　温度
　　組成

　流量制御はプロセス制御の中でもっとも多く使われている．応答が速いので，制御は比較的簡単である．液位の特徴は制御量の変化速度が流入量と流出量の差になっており，**自己平衡性**をもたないことである．流入量と流出量の一方が負荷で他方が操作量になる．**積分系**であるので，正確な制御は難しいことが多い．しかし，バッファタンクなどではむしろ正確な制御をしない方がよい．組成制御は**むだ時間**や**非線形性**をもつことが多いので一般に制御は難しい．

　以下に各制御系についてその特徴を述べる．本章では参考文献にあげたシンスキーの本を各所で引用させて頂いた．

11.2 流 量 制 御

11.2.1 流量制御系の特徴
流れを制御という観点からみると次のような特徴をもつ．
① 時定数は流体の慣性と制御弁の動特性のみであり，応答は速い．
② むだ時間はほとんどない．
③ 流量ノイズがある．

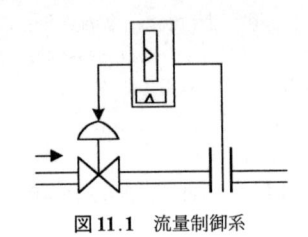

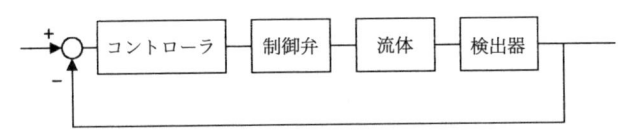

図 11.1 流量制御系

図 11.2 流量制御系のブロック図

11.2.2 流量制御系の静特性
一般に，制御系を設計するときは静特性と動特性を考慮しなければならない．流量制御系の静特性で考慮すべき点は次のような事項である．
① 流量計や制御弁のレンジ
② 制御弁の流量特性

動特性は次の事項である
① 流体の慣性
② 制御弁の動特性

最初に静特性を考える．実際の制御系においてレンジの考えは大切である．コントローラの出力が 1% 変化したとき，調節弁の開度は 1% 変化するものとする．このとき流量が検出器レンジの 1% だけ変化すればコントローラからみたプロセスゲインは"1"である．

一般に，コントローラ出力 $\varDelta u$(%) に対し，流量変化が流量計レンジの $\varDelta F$(%) であるとき，プロセスゲインは，

$$Gain = \varDelta F / \varDelta u$$

である．この値は流量計のレンジのとり方により変わる．

11.2.3 制御弁の特性

制御弁開度と流れる流量の関係は必ずしも線形でない．これを流量特性という．流量特性には以下のようなものがある[1]．

① クイックオープン特性
② リニア特性
③ イコールパーセント特性

どれを選ぶかは配管損失を考慮して，流量変化がなるべく開度変化に比例するように選ぶ．制御弁の選定は本書の範囲を越えるので，ここでは述べないが，選定の仕方によっては，開度の小さいところと，大きいところでゲインが異なることがある．この場合，負荷の低いところでは流量制御が安定しているが，負荷の高いところでは振動ぎみになるということも起こりうる．

11.2.4 流量制御系の動特性

動特性は前述のように流体の慣性および制御弁の応答時間からなる．流体の慣性は相当長い配管でも1秒にもならないのでほとんど無視できる．たとえば，シンスキーの本には下記の例がでている[2]．

（例）長さ60 m，内径27.6 mm^{2}の管内の水が1.8 m^3/hの流速で圧力降下1.0 kg/cm^{2}をもつとして，時定数を計算すると，慣性による時定数は $\tau = 0.5$ sec. である．

11.2.5 制御弁の動特性

次に制御弁の動特性を考える．この特徴として，図11.3に示す応答を示すことが多い[2]．すなわち，

① 厳密には単一の時定数として扱うのが困難，
② 弁速度が変化の大きさに無関係，

である．しかし，実際上は近似的に1次遅れ要素とみなしても大きな問題とはな

図11.3 制御弁の応答特性

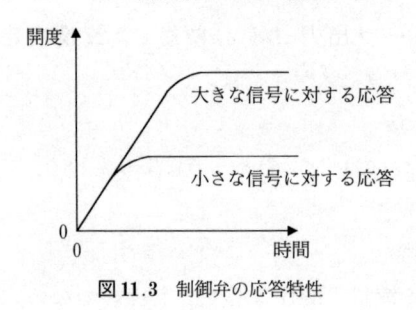

らない．

11.2.6 流量制御系のチューニング

シンスキーは流量および液体圧力のチューニングの目安として，比例帯100〜500%，積分動作は不可欠，微分動作は使用不可としている．微分動作が使えないのは流量ノイズが存在するからである．積分動作の値は具体的に与えていないが，0.1〜0.5分くらいが適当であると思われる．

ただし，工場において実際にチューニングされている例をみると，比例帯は100%〜600%の間に分散しており，積分時間も1分程度に長くとってある場合もある．先に述べたレンジのとり方により，みかけ上ゲインが低くなっている場合もあり，またノイズを嫌って弱い制御にしている場合もあるようである．

11.3 液位制御

11.3.1 液位制御の特徴

液位制御は次のような特徴をもっている．

① **水力学的共振**により液面が波打っていることがある．そのイメージを図11.4(a), (b)の破線で示した．(1ないし10秒の周期になることが多い[2])．
② 流入する**液体の飛散**や**乱流**による雑音が多い．
③ 液位は流入流量と流出流量の差の**積分**になる．

$$L = \frac{1}{A} \int (F_{in} - F_{out}) dt$$

ただし，流出する流量が液位による圧力で押し出される場合は自己平衡性をもつので，理論的には積分性とはならないが，時定数が長く積分プロセ

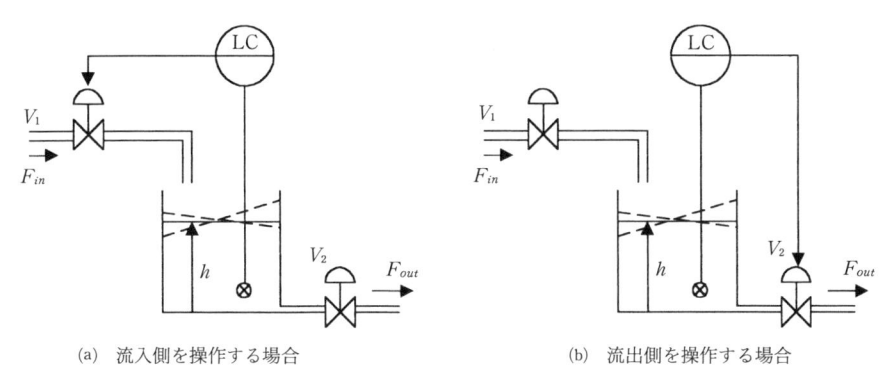

11.3 液位制御

(a) 流入側を操作する場合　　　　(b) 流出側を操作する場合

図 11.4　液位制御系

スに近い．
④ タンクはバッファタンクとしての役割をもつことが多い．その場合は液位をあまり強く制御しない方がよい．
⑤ むだ時間はほとんどない．

11.3.2　液位制御系のチューニング

液位制御系のチューニングの考え方を列挙すると次のようになる．
① プロセスが積分系またはそれに近いので，基本的には比例制御を主体にする．場合により積分動作を弱くはたらかせる．積分性プロセスは位相を90°遅らせるので，もしコントローラが純粋な積分制御であれば，さらにそこで位相が90°遅れ，持続振動の位相条件が成立してしまう．純粋な積分でなくPI制御の場合でも，積分を強くすると位相遅れが大きくなるので，振動ぎみになり，ゆっくりした変動が起き易い．
② 雑音が多いので微分動作は使えない．
③ 流出流量で制御する場合，液位制御を強くチューニングすると，下流に対して外乱となるので，むしろ弱くチューニングし，タンク内のレベル変化で外乱を吸収するとよい場合が多い．場合によっては，コントローラにギャップを持たせ，偏差がある指定した範囲内では制御をしないようにすることもある．蒸留塔の均流制御などである．

11.4 圧力制御系

11.4.1 気体圧力の制御

気体の圧力はその物質含有量を操作することになる．実際には流入または流出を操作して制御する．気体圧力は T, V が一定のとき，次のように表される

$$p = \frac{\alpha F}{V} \int (f_{in} - f_{out}) dt \tag{11.1}$$

ただし，

- α ：比例定数
- p ：圧力変化分
- F ：最大質量流量
- f_{in} ：流入流量分率
- f_{out} ：流出流量分率

である．気体圧力は系の体積が小さい場合でも，一般に制御は容易である．

PIDコントローラのチューニングについて，シンスキーはPBは狭くし，積分は不要であるとしている．微分動作も使わない．

11.4.2 液体圧力の制御

動特性に関する要因は液体の慣性が主であり，液体流量とほぼ同じである．弁の開閉による圧力変動はあまり大きくない場合が多い．すなわちゲインは小さいので，コントローラは流量制御の場合より狭い比例帯にすることが多い．制御モードはPI制御であり，PBは50〜200％，T_I は流体流量の場合とほぼ同じにする．

11.5 温度制御

温度制御は熱移動の問題となる．熱移動は放射，伝導，対流によって行われる．

11.5.1 温度制御系の特徴

温度制御は反応器を例にとり記述すると，**時定数が大きいことが最も重要な特徴である**．その，動特性要素は次のようなものがある．

- 反応器内容物の熱容量

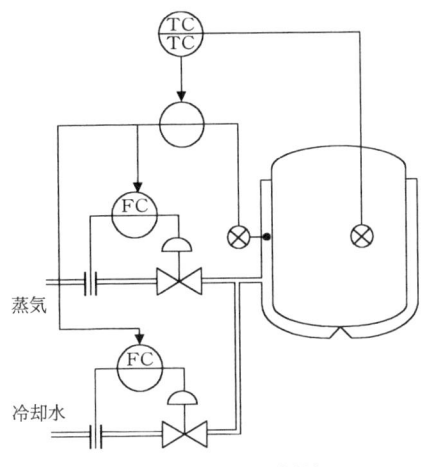

図11.5 反応器の温度制御

- 反応器壁の熱容量
- ジャケットの内容物の熱容量
- 測温体の遅れ
- 循環水のむだ時間

11.5.2 温度制御系のチューニング

　温度制御系はプロセスの応答が遅いので，微分動作が不可欠である．比例帯は通常狭くとり，比例ゲインは高くすることが多い．シンスキーは比例帯として10～100％を目安としている[2]．実際にはこれくらいの値を目安にしながら，プラント毎に最適な値を見つけてチューニングしているようである．ジーグラー・ニコルス法では微分時間を積分時間の1/4にとることを推奨している．しかし，実際のプラントではこれより強くしている場合も多い．

11.6 成 分 制 御

11.6.1 成分制御の特徴

　成分制御は制御対象により非常に多くの種類がある．一般には下記のような特徴をもつので制御は易しくない．

① **非線型特性**をもつことが多い．たとえば，pH制御などは非常に強い非線形性をもっている．

② 反応，混合，移動，検出遅れなどによる，**むだ時間**をもつことがある．反応，混合，移動を伴うことが多く，検出器を制御点から離して設置しなければならないので，むだ時間が長くなってしまう．また，検出器が分析を伴う場合は，サンプリングラインでの遅れ，分析にかかる時間などがむだ時間となる．

11.6.2 成分制御系のチューニング

上記にみたように，むだ時間の長い場合が多いので，一般に強い制御はかけられない．積分動作を主体にゆっくり制御することになる．その場合，速く変化する外乱には追従できないので，比率制御を使うとか，フィードフォワード制御を組み合わせるなどの方策を考える必要がある．スミス調節計などのむだ時間補償制御が有効な場合もある．

チューニングに関しシンスキーが推奨している値は下記の通りである[2]．

　　PB：100～1000%

　　積分動作：不可欠

　　微分動作：通常使用しない

輸送遅れなどにより生ずる純粋なむだ時間の場合微分動作は使えない．

11.6.3 混合プロセスの制御

成分制御にかかわる2，3の例について，その特徴を少し詳しく考察する．

(1) タンク内でのミキシング

図11.6はタンク内のミキシングにより濃度を制御する場合である．混合された濃度は次のようになる．

$$C = \frac{F_1 C_1 + F_2 C_2}{F_1 + F_2}$$

遅れ時間はタンクの容量 V と流量 F_1，F_2 で決まる．

平均滞留時間 ϑ は

$$\vartheta = \frac{V}{F_1 + F_2}$$

となる．ただし，このプラントで注意すべきことは，ミキシングが悪いと正しい濃度を測定しなかったり，測定値が周期的に変化して制御系を乱したりすること

である．このような系の制御には**比率制御**が有効なことがある．

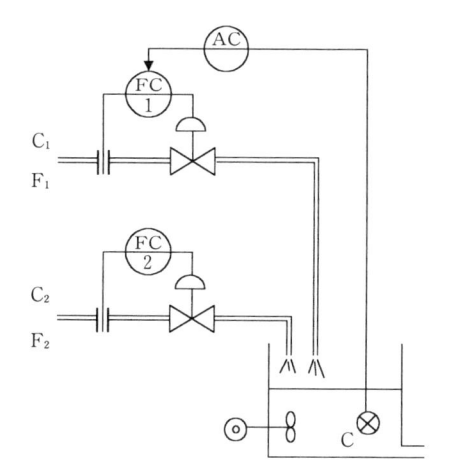

図11.6 タンク内のミキシングによる濃度制御

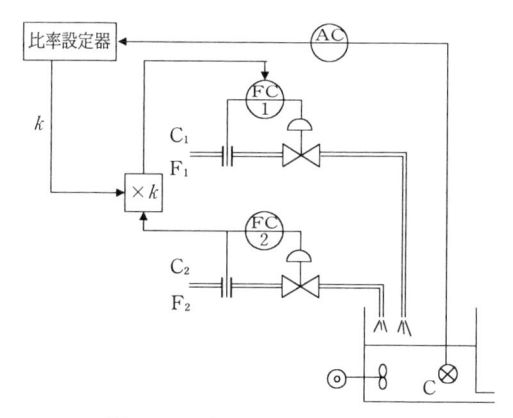

図11.7 比率制御を加えた濃度制御

(2) インラインブレンド

パイプラインの中で混合させるインラインブレンドも多くある．この場合は次の2つがむだ時間となる．

① 混合点から検出器までの時間
② 検出器の遅れ
・サンプリングラインの遅れ

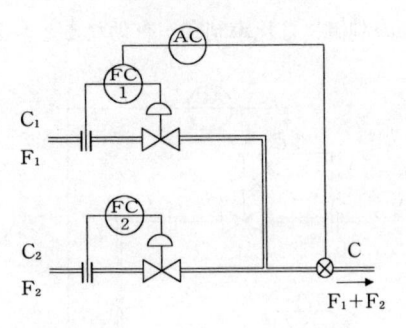

図11.8 インラインブレンド制御

・分析に要する時間

容量がないので一般に制御は難しい．したがって，積分動作を主体にゆっくり制御する．応答は遅くなるがやむをえない．したがって，短周期の外乱が入る場合は抑えきれない．**スミスのむだ時間補償**を使うことも考えられるが，むだ時間 L のマッチングがなかなか難しい．ただし，流速 F に反比例するので $L=1/F$ として計算して，うまく合わせることができる場合には有効である．この場合も**比率制御**は有効である．

演習問題

11.1 レベル制御系でI動作を強くするとなぜよくないか考察せよ．

11.2 10章図10.1と図10.2の系で制御の容易さからみたときどのような違いがあるか考察せよ．また負荷変動がしばしば生ずる場合には制御系構成上どのような工夫が必要か考察せよ．

参 考 文 献

全体
水上憲夫『自動制御』朝倉書店，1968．
伊藤正美『自動制御概論』昭晃堂，1968．
千本　資・花淵　太編『計装システムの基礎と応用』オーム社，1987．
F. G. シンスキー著，長山千五郎他訳『プロセス制御システム』好学社，1971（絶版）．
須田信英『PID制御』朝倉書店，1992．

第1章～第4章
1) 水上憲夫『自動制御』朝倉書店，1968．

第5章
1) 千本　資・花淵　太編『計装システムの基礎と応用』第2章，オーム社，1987．

第6章
1) 森下　巌編『ディジタル計装制御システム』第3章（富田），計測自動制御学会．
2) 北森俊行「制御対象の部分的知識にもとづく制御系の設計法」『計測自動制御学会論文集』Vol.15，No.4，pp.549-555，1979．
3) I. M. Horowits, Synthesis of Feedback Systems, Academic Press, 1963.
4) 荒木光彦「2自由度制御系——PID・微分先行型・I-PD制御系の統一的見方について」『システムと制御』Vol.29，No.10，pp.649-656，1985．
5) 広井和男・米沢憲造「目標値フィルタ形2自由度PID制御方式」第24回SICE学術講演会，1985，pp.217-218．
6) 広井和男・山本美行「要素分離形2自由度PID制御方式」第24回SICE学術講演会，1985，pp.219-220．
7) 重政　隆・森　泰親・市川義則「目標値フィルタを備えたPID制御系の設計法」『計測自動制御学会論文集』Vol.19，No.6，pp.509-511，1983．
8) 荒木光彦「目標値をフィードフォワードしたPID制御系」第23回SICE学術講演会，1984，pp.31-32．

第7章～第9章
1) J. G. Ziegler and Nichols, Optimum Settings for Automatic Controllers, Trans. ASME, 64, pp.759-768, 1942.
2) K. L. Chien, J. A. Hrones and J. B. Reswick, On the Automatic Control of Generalized Passive Systems, Trans. ASME, 74, pp.175-185, 1952.
3) F. G.シンスキー著，長山千五郎他訳『プロセス制御システム』好学社，1971（絶版）．

4) 千本　資・花淵　太編『計装システムの基礎と応用』第8章，オーム社，1987．

第10章
1) J. Otto and M. Smith, A Controller to Overcome Dead Time, ISA Journal, Vol.6, No. 2, pp.28-83, 1959.
2) 沢野　進「むだ時間を含む系のある制御法についての研究」『自動制御』Vol.7, No.3, pp.122-127, 1960．
3) 沢野　進「むだ時間を含む無定価位形制御対象の制御」『自動制御』Vol.7, No.5, pp.248-254, 1960．
4) 渡部慶二・伊藤正美「むだ時間をもつ制御対象に対するプロセスモデル制御系の定常特性」『計測自動制御学会論文集』Vol.15, No.2, pp.199-204, 1979．
5) 伊藤正美・渡部慶二「むだ時間をもつシステムの制御──Smith法の復活」『システムと制御』Vol.26, No.8, pp.479-488, 1982．
6) 伊藤正美・渡部慶二「Smith法の外乱に対する制御特性の改善」『計測自動制御学会論文集』Vol.19, No.3, pp.187-192, 1983．

第11章
1) 千本・花渕共編『計装システムの基礎と応用』オーム社，1987．
2) F. G. シンスキー著，岩永ほか訳『プロセス制御システム』好学社，1971（絶版）．

演習問題解答

第1章

1.1 入力信号の符号に応じて，プラスまたはマイナスの方向に変化し続け，ついには計器のリミットまで振り切ってしまう．

1.2 およそ図 A1.1 のように変化するが，その応答波形はコントローラのチューニングによって異なる．

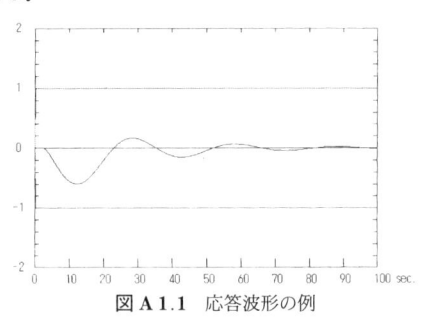

図 A1.1 応答波形の例

第2章

2.1 図は省略．

① $f(t) = 1 - e^{-t/10}$

② $f(t) = 1 - \dfrac{2}{\sqrt{3}} e^{-t/2} \sin\left(\dfrac{\sqrt{3}}{2} t + \phi\right)$　　$\phi = \tan^{-1}\sqrt{3}$

2.2 $\dfrac{C(s)}{D(s)} = \dfrac{G(s)}{1 + G_c(s) G(s)}$

2.3 $\dfrac{K e^{-Ls}}{1 + Ts}$

第3章

3.1 振幅 A および位相 ϕ が次の値をもつ正弦波となる（図は省略）．

① $A = 1/\sqrt{2},\ \phi = -\pi/4$　　② $A = 2,\ \phi = -\pi/2$　　③ $A = 1,\ \phi = -\pi/2$

3.2 $f = 0.01$ のとき $32.1°$，$f = 2$ のとき $89.5°$

3.3 $f = 0.01$ のとき $18°$，$f = 2$ のとき $3600°$

3.4 $\dfrac{1}{s}\dfrac{1+20s}{1+10s}=\dfrac{2}{s}-\dfrac{1}{s(1+10s)}$ または $\dfrac{1}{s}+\dfrac{1}{1+10s}$

と変形して考えるとわかりやすい（図は省略）.

第4章

4.1

① $s=-0.6$ ⇒ 安定　　② $\dfrac{-13\pm j\sqrt{151}}{80}$ ⇒ 安定

③ $\dfrac{3}{80}\pm\dfrac{\sqrt{329}}{80}$ ⇒ 不安定

4.2 不安定（図 A 4.1）

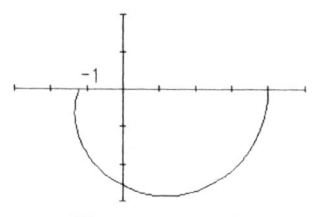

図 A 4.1　ベクトル図

4.3

① 安定（図 A 4.2）
② 安定（図 A 4.3）

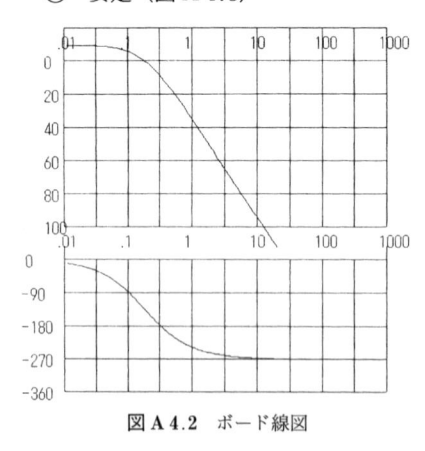

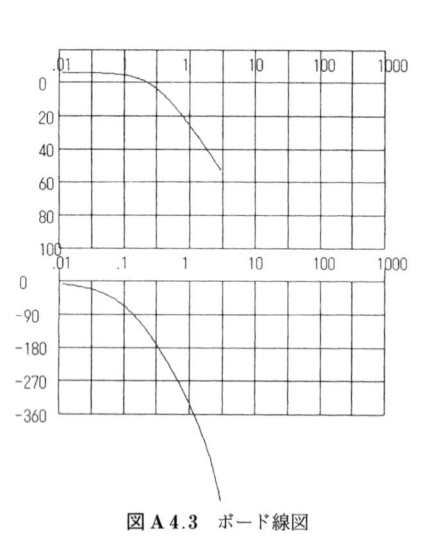

図 A 4.2　ボード線図　　　　図 A 4.3　ボード線図

4.4 ゲイン余裕　約 10 dB，位相余裕　約 40°

第5章

5.1 $PB=100\%$ のとき $1/3$, $PB=50\%$ のとき $1/5$

5.2 $PB=200\%$, $T_I=10$ sec.

第6章

6.1

$$M(s)=K_P\Big[\{(1-\alpha)SV-X(s)\}+\frac{1}{T_Is}(SV-X(s))+T_Ds\{(1-\beta)SV-X(s)\}\Big]$$

$$=K_P\Big[\Big\{(1-\alpha)SV+\frac{1}{T_Is}SV+(1-\beta)T_DsSV\Big\}$$

$$\quad-\Big\{X(s)+\frac{1}{T_Is}X(s)+T_DsX(s)\Big\}\Big]$$

$$=K_P\Big[\Big\{(1-\alpha)+\frac{1}{T_Is}+(1-\beta)T_Ds\Big\}SV-\Big(1+\frac{1}{T_Is}+T_Ds\Big)X(s)\Big]$$

$$=K_P\Big\{\frac{(1-\alpha)+\dfrac{1}{T_Is}+(1-\beta)T_Ds}{1+\dfrac{1}{T_Is}+T_Ds}SV-X(s)\Big\}\Big(1+\frac{1}{T_Is}+T_Ds\Big)$$

$$=K_P\Big\{\frac{1+(1-\alpha)T_Is+(1-\beta)T_IT_Ds^2}{1+T_Is+T_IT_Ds^2}SV-X(s)\Big\}\Big(1+\frac{1}{T_Is}+T_Ds\Big)$$

したがって SV の前に,

$$G_F(s)=\frac{1+(1-\alpha)T_Is+(1-\beta)T_IT_Ds^2}{1+T_Is+T_IT_Ds^2}$$

をおいたものと等価である．

第7章

7.1 ① PI　　$PB=89\%$,　　$T_I=53$ sec.
　　② PID　$PB=67\%$,　　$T_I=32$ sec.,　　$T_D=8$ sec.

7.2 Z.N法　　$K_P=2.25$ ($PB=44\%$),　　$T_I=66$ sec.
　　CHR法（オーバーシュートなし）　　$K_P=1.5$ ($PB=67\%$),　　$T_I=80$ sec.
　　CHR法（オーバーシュート20%）　　$K_P=1.75$ ($PB=57\%$),　　$T_I=46$ sec.

第8章

8.1 $\begin{vmatrix} 0.72 & 0.28 \\ 0.28 & 0.72 \end{vmatrix}$

8.2 $C_1=\dfrac{0.8(1+20s)}{1+30s}$,　　$C_2=\dfrac{-0.48(1+25s)}{1+60s}$

第9章

9.1 $G_f(s) = \dfrac{-0.36(1+20s)e^{-3s}}{1+30s}$

9.2 $G_d(s) + G_f(s)G_p(s) = \dfrac{0.8e^{-5s} - 0.88e^{-2s}}{1+30s}$

第10章

10.1 20 sec.

10.2 40 sec.

10.3 $K \fallingdotseq 3.81$,　　$\omega \fallingdotseq 0.92$

注）振動の条件；$k/\sqrt{1+\omega^2 T^2} = 1$（ゲイン条件），$\tan^{-1}\omega T + \omega L = \pi$（位相条件）．これを解析的に解くことは困難であるので，まず，位相条件から図式などを使い ω の近似解を求める．次にその ω を使い，ゲイン条件から解析的に K を求める．

第11章

11.1 11.3 の記述を参照

11.2 略

索　　　引

ア 行

IAE　88
IE　88
I-PD 制御　81
ISE　88
ITAE　89
I 動作　59
アリアス効果　78

位相差　6, 26
位相余裕　52
位置形アルゴリズム　75, 76
1 次遅れ系　19
1 次遅れ要素　31
一巡伝達特性　6
1 次ループ　98
インパルス　12
インラインブレンド　149

液位制御　144
液体圧力　146
n 次系　37

オイラーの公式　15
オーバーシュート　3, 88
オフセット　63
オン・オフ制御　57
オンオフ制御　4
温度制御　98, 146

カ 行

外乱　2
開ループ　2
開ループ特性　6

カスケード制御系　98
干渉ゲイン　104

気体圧力　146

ゲイン　6, 26
ゲイン余裕　52
限界感度法　89
検出器　2

コントローラ　2

サ 行

最終値定理　14
サンプリング周期　77
サンプリング定理　78

CHR 法　93
ジーグラ・ニコルス法　89
試行錯誤法　94
自己平衡性　141
指数関数　12
持続振動　6
時定数　20
写像　48
周波数伝達関数　26
周波数特性　9, 25
状態フィードバック制御　4
初期値定理　14
振動周期　127

推移定理　13
水力学的共振　144
進み／遅れ要素　32
ステップ　12

158   索　引

ステップ応答法　89, 91
スミス調節計　134
スミスの予測器　134

正帰還　5, 24
制御弁のレンジ　142
制御量　2
成分制御　147
積分系　141
積分時間　60, 87
積分動作　59
積分要素　30
設定値変更　2

相互干渉　102
操作端　2
操作量　2
速度形アルゴリズム　76

　　　タ　行

たたみこみ積分　13

チューニング　87
調整　87

定常偏差　63
D 動作　59
デルタ関数　12
伝達関数　18

特性根　38
特性方程式　38

　　　ナ　行

ナイキスト周波数　78
ナイキストの安定判別法　46

2 自由度 PID 調節計　84
2 自由度制御系　84
2 次ループ　98

　　　ハ　行

PID 制御　4, 59
非干渉項　107
非干渉制御　108
非線形性　141
左半面　38
P 動作　59
微分キック　79
微分ゲイン　73
微分時間　60, 87
微分先行形 PID 調節計　79
微分動作　59
微分要素　29
比率制御　101, 149, 150
比例ゲイン　61, 87
比例先行形 PID 調節計　81
比例帯　60, 87
比例動作　58

ファジィ制御　4
フィードバック制御　1, 2
フィードフォワード制御　113, 114
不完全微分　73
負帰還　5, 24
複素平面　38
部分分数　14
ブロック線図　22
ブロック線図の等価変換　22

閉ループ　2
ベクトル軌跡　33

ボード線図　35

　　　マ　行

ミキシング　148

むだ時間　21, 33, 123, 141, 148

　　　ラ　行

ラプラス逆変換　11, 14

ラプラス変換　9, 11, 12
ランプ　12
乱流　144

流量制御　98

流量制御系　142
流量ノイズ　142

ルールベーストコントローラ　4

著者略歴

山本重彦（やまもとしげひこ）
1936年　富山県に生まれる
1959年　京都大学工学部電子工学科卒業
　　　　横河電機株式会社入社
1995年　工学院大学工学部機械システム
　　　　工学科教授
現　在　同　非常勤講師　工学博士

加藤尚武（かとうなおたけ）
1942年　愛知県に生まれる
1965年　東京教育大学理学部物理学科卒業
現　在　工学院大学工学部環境化学工学科
　　　　教授・工学博士

PID制御の基礎と応用　第2版　　　　　定価はカバーに表示

2005年11月25日　初版第1刷
2024年1月25日　　　第17刷

著　者　山　本　重　彦
　　　　加　藤　尚　武
発行者　朝　倉　誠　造
発行所　株式会社　朝　倉　書　店
　　　　東京都新宿区新小川町6-29
　　　　郵便番号　162-8707
　　　　電　話　03（3260）0141
　　　　FAX　03（3260）0180
　　　　https://www.asakura.co.jp

〈検印省略〉

© 2005〈無断複写・転載を禁ず〉　　　　Printed in Korea

ISBN 978-4-254-23110-6　C 3053

JCOPY ＜出版者著作権管理機構　委託出版物＞

本書の無断複写は著作権法上での例外を除き禁じられています．複写される場合は，
そのつど事前に，出版者著作権管理機構（電話 03-5244-5088, FAX 03-5244-5089,
e-mail: info@jcopy.or.jp）の許諾を得てください．